Web
前端开发基础入门
微课视频版

张　颖　编著

清华大学出版社

北京

内 容 简 介

本书以简洁的语言讲述了构建前端页面必备的 HTML 与 CSS 知识。以页面开发技能的"够用"为原则选取知识点，并结合常见的应用案例将其讲解透彻。

全书分为 12 章。其中，第 1～10 章对常用的 HTML 与 CSS 知识进行讲解，在讲述知识点的同时注重思维模式的培养，由示例推导出知识点，对知识点在项目制作的常用之处和注意事项进行总结，并针对每个章节的知识点编排了常见网页版块（如导航、新闻列表、注册页面）的应用案例；第 11 章讲解了项目制作的实用技巧；第 12 章以两个完整的网站页面为例，带领读者梳理了页面规划、形成页面 UI 效果图、切图、分析结构、搭建结构、添加样式等一个完整项目的开发过程。

本书适合作为高等院校、职业院校、培训机构等计算机相关专业学生的教材，也可供热爱前端开发的自学者使用。

图书在版编目(CIP)数据

Web 前端开发基础入门：微课视频版/张颖编著. —北京：清华大学出版社，2021.6
ISBN 978-7-302-57626-6

Ⅰ．①W… Ⅱ．①张… Ⅲ．①网页制作工具—程序设计—教材 Ⅳ．①TP393.092.2

中国版本图书馆 CIP 数据核字(2021)第 037418 号

责任编辑：刘向威
封面设计：文　静
责任校对：徐俊伟
责任印制：宋　林

出版发行：清华大学出版社
网　　　址：http://www.tup.com.cn，http://www.wqbook.com
地　　　址：北京清华大学学研大厦 A 座　　　　　邮　　编：100084
社 总 机：010-62770175　　　　　　　　　　　邮　　购：010-83470235
投稿与读者服务：010-62776969，c-service@tup.tsinghua.edu.cn
质量反馈：010-62772015，zhiliang@tup.tsinghua.edu.cn
课件下载：http://www.tup.com.cn，010-83470236
印 装 者：三河市龙大印装有限公司
经　　销：全国新华书店
开　　本：185mm×260mm　　印　张：22.25　　　字　　数：556 千字
版　　次：2021 年 6 月第 1 版　　　　　　　　印　　次：2021 年 6 月第 1 次印刷
印　　数：1～1500
定　　价：65.00 元

产品编号：089809-01

前言

随着"互联网＋"在各行各业的深入，前端工程师成为炙手可热的职业。而掌握前端页面的搭建，不仅是前端工程师，还是全栈工程师、Java工程师、产品研发人员等IT工作者的必备技能。

前端页面开发指前端工程师使用HTML、CSS、JavaScript等专业技能和工具将产品的UI设计稿实现为网页产品，涵盖PC端、移动端页面，处理视觉、交互和用户体验问题。

本书分为三大部分，共12章：第1～10章带领读者学习HTML与CSS基础知识，并掌握知识点在项目中的常见应用形式；第11章介绍一些实用技巧，如CSS Reset、精灵图技术、滑动门技术、常见页面布局形式等；第12章介绍两个综合性项目。

本书以"够用"为原则选取页面开发的常用知识点，力求"讲透"，在讲解单个知识点的时候采用"倒叙"的方式，让读者通过页面效果推理出知识点，有助于思维模式的培养，实现"举一反三"，并对知识点的常用形式和注意事项进行总结，搭建理论和实践的桥梁。每个章节都有针对该章节知识点的常用案例，这些常用案例都是常见的网页版面形式，读者掌握这些常见的版面形式后，可以像拼积木一样搭建自己的页面。通过实用技巧及综合项目的学习，读者可实现技能的逐步提升。

本书适合作为高等院校、职业院校、培训机构等计算机相关专业学生的教材，也可供热爱前端开发的自学者使用。

感谢清华大学出版社的魏江江分社长、刘向威编辑、常晓敏编辑以及其他工作人员为本书付出的辛勤劳动；感谢领导和同事们的大力支持；同时，感谢我的家人的默默付出与支持。

愿本书能够拓展读者进行前端页面开发的思维模式，起到抛砖引玉的作用，并真诚欢迎大家批评指正。

编　者

2020年8月

目录

第 1 章
网页制作相关概念

本章学习目标

- 掌握网页的组成和相关术语。
- 理解前端三层架构的含义。
- 了解语言的编辑环境。
- 了解浏览器及其基本结构。

在学习 HTML 和 CSS 语言之前,首先要了解网页的基本概念和相关术语,以及浏览器的一些基本特性。

1.1 网页的基本概念

1.1.1 网页中的多媒体元素

请想一想我们在浏览网页时都看到了哪些媒体元素。

图 1.1～图 1.3 中,显示了大篇幅的文本、图片、动画等。除此之外,还有音频、视频等。

图 1.1 新浪首页截图

图 1.2　搜狐首页截图

图 1.3　新浪首页底部截图

1.1.2　网页常用术语

在网页中,各个部分都有一些专业名称。

Logo:网站的标识,一般位于页面的左上角,它能够让用户确定自己位于互联网中的哪一个站点。

导航:通过导航,用户可以了解站点信息的分类,单击导航中的某个标题,可以跳转到对应专题或栏目下查看信息。

Banner:网页中的图片,可以用作横幅广告,也可以作为活动的旗帜或宣传标语。

超链接：在一个页面中，通过超链接可以实现一个站点内的页面或者资源互链，也可以将不同站点之间的资源链接起来。

版权信息：一个网站的版权部分位于页面的最底部，一般有如下 4 种常用格式。

(1) © 1999-2004 Macromedia，Inc. All Rights Reserved.

(2) © 2004 Microsoft Corporation. All Rights Reserved.

(3) Copyright © 2004 Adobe Systems Incorporated. All Rights Reserved.

(4) © 1995-2004 Eric A. and Kathryn S. Meyer. All Rights Reserved.

1.1.3 前端三层架构

在做前端开发时有 3 个基本结构——结构层、样式层、行为层，它们分别控制网页的组成部分。分层书写的优点是能够降低代码的耦合，实现复用。

1. 结构层（structural layer）

由 HTML 或 XHTML 等标记语言负责。

标记（或标签），指出现在尖括号里的单词，对网页内容的语义含义做出描述，如：＜p＞标记表达了这样的语义——"这是一个文本自然段"。

2. 样式层（presentation layer）

由 CSS（层叠样式表）负责创建。CSS 决定了显示内容的方式。例如，展示同样的文本内容，是使用红色、绿色，还是蓝色。类似这样的外观样式都是由 CSS 代码控制的。

3. 行为层（behavior layer）

由 JavaScript 语言和 DOM 控制，负责内容对事件做出的反应。例如，实现如图 1.4 所示的图片轮播切换效果。

图 1.4 图片轮播页面

如果只写 HTML 结构,如例 1.1 所示,那么页面效果如图 1.5 所示,将四幅图片按照自上而下排列的形式展示出来。

例 1.1

```
1   <!DOCTYPE html>
2   <html lang = "en">
3   <head>
4       <meta charset = "UTF-8">
5       <title>简单图片轮播切换代码</title>
6   </head>
7   <body>
8       <div id = "imgContainer">
9       <img src = "images/1.jpg"/>
10      <img src = "images/2.jpg"/>
11      <img src = "images/3.jpg"/>
12      <img src = "images/4.jpg"/>
13      </div>
14  </body>
15  </html>
```

图 1.5 轮播结构代码效果

加上例 1.2 所示的 CSS 代码,图片的边框就会显示出来,同时将所有图片隐藏显示,效果如图 1.6 所示,为图片的轮播行为做准备。

例 1.2

```
1    div{margin:0;border:0;padding:0;}
2    #imgContainer{border:1px solid #000000;width:943px;height:354px;overflow:hidden;
     position:relative;}
3    #imgContainer img{display:none;}
4    #imgMask{position:absolute;width:100%;height:100%;overflow:hidden;}
5    #imgMask.range{float:left;position:relative;}
6    #imgMask.range div{position:absolute;left:0;top:0;}
7    #imgContainer.pageBar{position:absolute;z-index:99;right:10px;bottom:10px}
8    #imgContainer.pictureBar{z-index:99;}
9    .pageBar img,.pictureBar img{display:block !important;float:left;border:1px solid #666;
     margin:0px 2px 2px 2px;filter:alpha(opacity=50);-moz-opacity:.5;opacity:.5;}
10   .pageBar img.current,.pictureBar img.current{filter:alpha(opacity=100);-moz-opacity:1;
     opacity:1;display:block! important;}
11   .pageBar a{display:block;background:#000;border:1px solid #666;color:#fff;float:
     left;width:16px;font-size:12px;margin:2px;text-align:center;line-height:16px;font-
     family:Arial;cursor:pointer;text-decoration:none;}
12   .pageBar a:hover,.pageBar a.current{background:red;color:#fff;border:1px solid #600;
     border-top:1px solid #F96;border-left:1px solid #F96;}
```

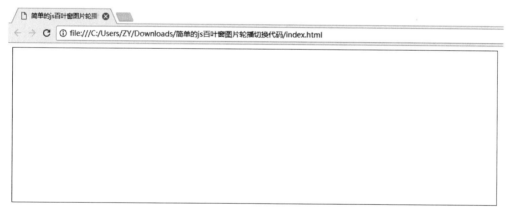

图 1.6　添加样式代码后效果

再加上例 1.3(只是部分代码)所示 JavaScript 代码,网页中的图片就会轮播展示(单击右下角的 4 个按钮后,图片会对应展示出现轮播效果,如图 1.7 所示)。

例 1.3

```
1    <script type="text/javascript">
2    window.onload = function(){
3    new imgSwitch("imgContainer",{Type:12,Width:943,Height:354,Pause:3000,Speed:"fast",
     Auto:true,Navigate:"numberic",NavigatePlace:"outer",PicturePosition:"left"})
```

```
4        }
5        </script>
```

图 1.7　图片轮播效果

1.2　语言的编辑环境

1.2.1　专业的编辑器

可以使用如下的专业 HTML 编辑器来编辑 HTML。

（1）Adobe Dreamweaver。

（2）WebStorm。

（3）Notepad＋＋。

（4）VScode。

（5）记事本。

编辑完毕的.html 或.htm 文件可使用浏览器打开运行（浏览器介绍详见本章 1.3 节）。

1.2.2　使用记事本创建第一个网页

当文本文档的扩展名为.txt 时,通过记事本创建网页文件只需要将网页代码用记事本编辑写入文本文档,再将文本文档的扩展名修改为.html 或.htm 即可。

具体步骤如下所示。

（1）在文件夹的空白处右击,在弹出的快捷菜单中选择"新建"→"文本文档"命令。

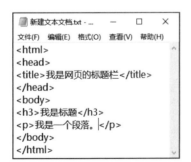

图 1.8　记事本编写 HTML 代码

（2）双击新建的文本文档,文本文档将默认使用记事本程序打开。或者启动记事本程序（"开始"→"所有程序"→"记事本"）,然后再在记事本程序中选择新建的文本文档并打开,编辑 HTML 代码（如图 1.8）,保存文本文档。

（3）修改保存的文本文档的文件名。例如,改为firstpage.html 或 firstpage.htm。当修改文件扩展名为.html 或.htm 时,文件图标会变为如图 1.9 所示的网页图标（前提是打开网页的默认程序是 Chrome 浏览器）。

（4）双击该 HTML 文件，计算机会自动使用系统默认的浏览器打开网页。或启动浏览器，选择"文件"菜单的"打开文件"命令打开编辑完毕的网页文件，得到如图 1.10 所示网页效果。

图 1.9　网页图标效果

图 1.10　简单网页效果

1.2.3　推荐使用 Sublime Text

Sublime Text 具有容量小、插件灵活的优点。安装过程如下。

（1）下载 Sublime Text 安装包，双击安装程序进行安装；程序安装完毕之后效果类似一个高级的记事本程序，如果想要让软件在编辑代码时更易用，需要进行进一步配置，安装扩展插件。

（2）安装 Package Control，具体操作为按下快捷键 Ctrl＋～（数字 1 左边的按键）打开控制台（如图 1.11），利用搜索引擎检索 Package Control（如图 1.12），选择相应版本的代码粘贴，按下回车键并等待。

图 1.11　打开控制台

Package Control

INSTALLATION

Simple

The simplest method of installation is through the Sublime Text console. The console is accessed via the `ctrl+` shortcut or the `View > Show Console` menu. Once open, paste the appropriate Python code for your version of Sublime Text into the console.

SUBLIME TEXT 3   **SUBLIME TEXT 2**

```
import urllib.request,os,hashlib; h =
'6f4c264a24d933ce70df5dedcf1dcaee' +
'ebe013ee18cced0ef93d5f746d80ef60'; pf = 'Package Control.sublime-
package'; ipp = sublime.installed_packages_path();
urllib.request.install_opener( urllib.request.build_opener(
urllib.request.ProxyHandler()) ); by = urllib.request.urlopen(
'http://packagecontrol.io/' + pf.replace(' ', '%20')).read(); dh =
hashlib.sha256(by).hexdigest(); print('Error validating download
(got %s instead of %s), please try manual install' % (dh, h)) if dh
!= h else open(os.path.join( ipp, pf), 'wb' ).write(by)
```

图 1.12　检索到的 Package Control 代码网页截图

（3）安装插件，使用快捷键 Ctrl＋Shift＋P 打开命令面板，输入 Install Package 的前几个字母选择待安装的插件，按下回车键并等待（如图 1.13）。

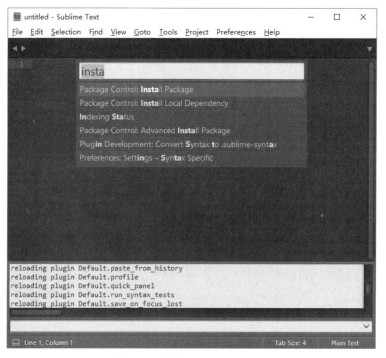

图 1.13　输入 Install Package

（4）在对话框输入插件名称，按上、下箭头键进行选择，按下回车键安装插件。以安装汉化插件为例，输入 chineselocalizations 的前几个字母（如图 1.14），插件名称将高亮显示，按下回车键开始安装，安装完毕后的界面如图 1.15 所示。

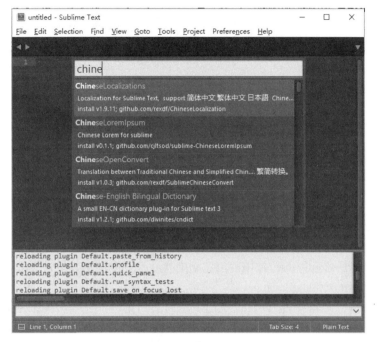

图 1.14　安装汉化插件

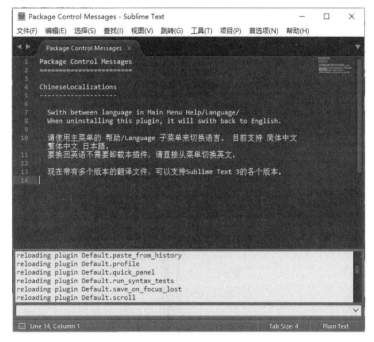

图 1.15　汉化插件安装完毕

　　(5) 再例如：安装快速创建 IITML 的插件（Tab 键）——Emmet，如图 1.16 所示。按下快捷键 Ctrl＋Shift＋P→输入 Install Package →回车→输入 emmet。

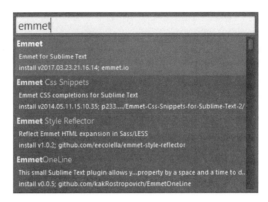

图 1.16　安装 Emmet 插件

1.3　浏览器介绍

网页是依赖浏览器运行的。常用的浏览器有 Internet Explorer(IE)、火狐(Firefox,FF)、谷歌(Chrome)、Safari 和欧朋(Opera)等。不同浏览器的内核不同,所以各浏览器对网页的解析有一定的出入。也就是说,同样的页面在不同的浏览器下显示的效果不同,这就是浏览器的兼容性问题。网页开发人员要熟悉浏览器的特性,这样才能做好兼容性设计和代码书写。

1.3.1　常见浏览器

常见浏览器的图标如图 1.17 所示。

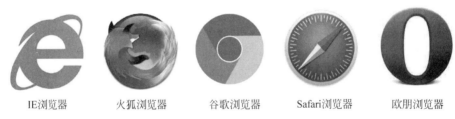

IE浏览器　　火狐浏览器　　谷歌浏览器　　Safari浏览器　　欧朋浏览器

图 1.17　常见浏览器的图标

浏览器的内核由排版引擎和 JS 解释引擎构成。

浏览器的排版引擎(layout engine 或 rendering Engine)也被称为浏览器内核、页面渲染引擎或模板引擎,它负责取得网页的内容(HTML、XML、图像等)、整理消息(如加入 CSS等),以及计算网页的显示方式,然后输出至显示器或打印机。所有网页浏览器、电子邮件客户端以及其他需要根据表示性的标记(presentational markup)语言来显示内容的应用程序都需要排版引擎。而 JS 引擎比较独立,通常所说的内核更加倾向于排版引擎。

当前主要的浏览器有四大内核:Trident、Gecko、WebKit 和 Blink。

1. Trident 内核

Trident 内核是 IE 浏览器使用的内核,也是很多其他浏览器所使用的内核,通常被称为 IE 内核。使用 Trident 内核的常见浏览器有:IE 6、IE 7、IE 8(Trident 4.0)、IE 9

10

(Trident 5.0)、IE 10(Trident 6.0)。此内核只能用于 Windows 平台,且不是开源的。

Trident 内核的代表作品还有世界之窗浏览器、360 安全浏览器、傲游浏览器、搜狗浏览器等。部分浏览器的新版本是"双核",甚至是"多核",其中一个内核是 Trident,在此基础上再增加一个其他内核。国内的厂商一般把其他内核称为"高速浏览模式",而 Trident 内核则是"兼容浏览模式",用户可以在两种模式间任意切换。

2. Gecko 内核

Gecko 内核是 Netscape6 启用的内核,主流的火狐浏览器就是使用 Gecko 的内核浏览器。这种内核支持的操作系统有 Windows、Mac OS、Linux 和 BSD。

3. Webkit 内核

Webkit 内核的代表浏览器是 Safari 和曾经的 Chrome。Webkit 内核是苹果公司的开源项目,遵循 W3C 标准。目前看来,WebKit 内核是最有潜力且已经有相当成绩的新兴内核,发展势头十分强劲,性能非常好,而且对 W3C 标准的支持很完善。常见的使用 WebKit 内核的浏览器有 Apple Safari (Windows/Mac OS/iOS)、Symbian 手机浏览器、Android 默认浏览器。

4. Blink 内核

Blink 内核是一个由 Google 公司和 Opera Software 公司开发的浏览器排版引擎,Google 公司计划将这个排版引擎作为 Chromium 计划的一部分。这一排版引擎是开源引擎 WebKit 中 WebCore 组件的一个分支,并且在 Chrome(28 及往后版本)、Opera(15 及往后版本)中使用。

1.3.2 查看网页源代码

以谷歌浏览器为例,在页面的空白区域右击,在弹出的快捷菜单选择"查看网页源代码"命令,如图 1.18 所示,即可查看网页的 HTML 源码。

图 1.18 查看网页源代码

第 2 章
HTML入门

本章学习目标

- 了解 HTML 及其历史版本。
- 掌握 HTML 的语法格式。
- 掌握常用的文本标记($<h1>$~$<h6>$、$<p>$、$
$、$<hr/>$)和属性的用法。
- 理解网页长度单位 px 和 em。
- 掌握网页中常用的颜色表示方法。

2.1 HTML

超文本标记语言(hyper text markup language,HTML)提供了一套标签,用来标记网页内容。因其不具备处理逻辑的能力,所以它并不是一款编程语言。

HTML 用来书写网页的结构,以 HTML 书写的页面文件是扩展名为.html 或.htm 的纯文本文件(.htm 和.html 文件没有本质区别,.htm 文件是为了兼容在像 DOS 这样的旧操作系统限制扩展名最多 3 个字符的情况)。例 2.1 是一个简单网页的代码,效果如图 2.1 所示。

例 2.1

```
1    <html>
2    <head>
3        <!-- 头标记,看不到的信息 -->
4        <title>我的第一个网页</title>
5        <meta charset = "utf-8"/>
6        <!-- 字符集 GB2312 -->
7    </head>
8    <body>
9        <font color = "red" size = "48">新学期加油!</font>
10
11   </body>
12   </html>
```

图 2.1 一个简单的网页

2.1.1 HTML 的历史版本

超文本标记语言(第 1 版):1993 年 6 月作为互联网工程工作小组(IETF)工作草案发布(并非标准);

HTML 2.0:1995 年 11 月作为 RFC 1866 发布,在 RFC 2854 于 2000 年 6 月发布之后被宣布已经过时;

HTML 3.2:1997 年 1 月 14 日,W3C 推荐标准;

HTML 4.0:1997 年 12 月 18 日,W3C 推荐标准;

HTML 4.01(微小改进):1999 年 12 月 24 日,W3C 推荐标准;

HTML 5:2014 年 10 月 28 日,W3C 推荐标准。

2.1.2 语法格式

```
<标记名·属性 1 = "属性值 1" 属性 2 = "属性值 2" 属性 n = "属性值 n">
<!-- 开始标记 -->
</标记名>
<!-- 结束标记 -->
```

1. 标记(或标签)

上面语法格式所示中被尖括号括起来的部分称作标记(或标签)名称。如例 2.2 所示中的 html 标记、head 标记、body 标记。

标记分为双标记和单标记。很多 HTML 中的标记都是以双标记的形式存在的。

双标记分为开始标记和结束标记,开始标记和结束标记成对使用,添加"/"表示结束标记。标记之间是严格嵌套的。

单标记没有结束标记,在标记结束位置添加"/"表示结束。如例 2.2 中的< meta >标记。

例 2.2

```
1    <!DOCTYPE html >
2    < html lang = "en">
```

```
3    < head >
4        < meta charset = "UTF-8"/>
5        <title>我的第一个网页</title>
6    </head >
7    < body >
8        我是网页内容
9    </body >
10   </html >
```

2. HTML 的基本结构

对比代码例 2.2 与例 2.3 的相同与不同之处,再观察其的网页效果图,如图 2.2、图 2.3 所示,读者发现了什么吗?

例 **2.3**

```
1    <!DOCTYPE html >
2    < html lang = "en">
3    < head >
4        < meta charset = "UTF-8">
5        <title>我的第二个网页</title>
6    </head >
7    < body >
8        我爱大前端
9    </body >
10   </html >
```

图 2.2 我的第一个网页

图 2.3 我的第二个网页

由例 2.2 和例 2.3 可以看出,HTML 语法的基本结构如下。

(1) 所有的.html 或.htm 网页都以 HTML 标记开始,以 HTML 结束标记作为结束。

(2) 在<html>的开始标记之后嵌套一对<head>标记和一对<body>标记。

(3) <head>标记定义的是与网页的展示内容相关的信息。

(4) <body>标记定义了网页展示的内容。

(5) <title>标记定义的是网页的标题。

3. 属性

HTML 标记可以拥有属性。属性定义了有关 HTML 元素相关的信息。

属性总是以名称/值对的形式出现。例如,name="value",name 是属性名,value 是属性值。

属性总是在 HTML 元素的开始标记中规定,且在开始标记名称之后会添加空格。

在例 2.4 中,bgcolor 是背景颜色属性,通过给 body 标记设置 bgcolor,可以将 body 元素区域内的背景颜色设置为黄色。

例 2.4

```
1    < html >
2    < head >
3        < meta charset = "gb2312"/>
4    </head>
5    < body bgcolor = "yellow">
6        < h2 >请看：改变了颜色的背景.</h2>
7    </body>
8    </html>
```

如果要为一个标记设置多个属性,那么属性之间要用空格分开。

例 2.5 给 font 标记添加了两个属性——color(文本颜色)和 size(文本大小),两对属性值之间用空格隔开。

例 2.5

```
1    < html >
2    < head >
3        < meta charset = "gb2312" />
4    </head>
5    < body >
6        < font size = "32" color = "red">我是 32 号字红色的.</font >
7    </body>
8    </html>
```

注意:

(1) 属性值始终应该被包括在引号内。单引号、双引号都可以使用,但双引号较为常见。在某些个别情况,如属性值本身就含有双引号时,必须使用单引号。

（2）推荐使用小写属性。属性和属性值对大小写不敏感，万维网联盟在其 HTML 4 推荐标准中推荐小写的属性和属性值。而新版本的(X)HTML 要求使用小写属性。

4. 注释

<! --...-->是 HTML 中的注释标记。注释中的内容不会在浏览器中显示。注释的语法格式如下：

```
<!-- 单行注释内容 -->
<!--
    多行注释内容
    多行注释内容
-->
```

在例 2.6 中，第 3 行为注释，内容不会出现在浏览器中。

例 2.6

```
1    < html >
2    < body >
3        <!-- 这是一段注释.注释不会在浏览器中显示. -->
4        < p >这是一段普通的段落.</ p >
5    </ body >
6    </ html >
```

5. 元数据

在 HTML 中采用< meta >标记定义元数据，它是用于描述数据的数据，用于定义页面的说明、关键字、最后修改日期等，服务于浏览器、搜索引擎或其他服务。元数据不会显示在页面上，但是机器可以识别。

元数据以名称/值的形式出现。

其中，名称以 name 属性或者 http-equiv 属性记录；值以 content 属性记录。

1) name 属性

name 属性主要用于描述网页的关键词、内容等。name 属性的语法格式如下：

```
< meta name = "参数" content = "具体的描述"/>>
```

其中，name 属性值常用的有以下 4 种。

（1）keywords(关键字)。

告诉搜索引擎网页的关键字，一般是能够代表网页的核心或主要内容的词汇。

```
< meta name = "keywords" content = "IT,前端开发,软件技术"/>
<!-- 定义网页的关键字为 IT、前端开发、软件技术 -->
```

（2）description(网站内容的描述)。

告诉搜索引擎网站的主要内容。

```
<meta name = "description" content = " 前端开发培训,零基础20周精通,打造高级Web工程师!"/>
```

（3）viewport（移动端窗口）。

viewport是用户网页的可视区域,手机浏览器是把页面放在一个虚拟的"窗口"（viewport）中,通常这个虚拟的窗口比屏幕宽,这样就不用把每个网页挤到很小的窗口中（这样会破坏没有针对手机浏览器优化的网页布局）,用户可以通过平移和缩放的操作来查看网页的不同部分。在移动端开发中经常使用。

（4）author（作者）。

用于标注网页的作者。

```
<meta name = "author" content = "zy,66666666@qq.com"/>
```

2）http-equiv属性

http-equiv指定了http文件头。meta标记中http-equiv属性的语法格式如下:

```
<meta http-equiv = "参数" content = "具体的描述"/>
```

（1）content-type（设定网页字符集）。

用于设定网页字符集,便于浏览器解析与渲染页面。

```
<meta http-equiv = "content-type" content = "text/html;charset = utf-8">
<!-- 旧的HTML,不推荐 -->
<meta charset = "utf-8">
<!-- HTML5设定网页字符集的方式,推荐使用UTF-8-->
```

（2）refresh（自动刷新并指向某页面）。

网页将在设定的时间内自动刷新,并跳转至设定的网址。

```
<meta http-equiv = "refresh" content = "2; URL = http://www.baidu.com/">
<!-- 2s后跳转向百度首页 -->
```

6. 文档类型声明

在Sublime Text中输入"HTML:5"并按下快捷键Ctrl+E,编辑器自动生成HTML的基本结构,其中第1行代码为<!DOCTYPE html>,这是HTML5的文档类型声明,也是现在最常用的文档类型声明。

<!DOCTYPE>是文档类型声明,必须位于HTML文档的第1行,在HTML标记之前,所有的浏览器都支持<!DOCTYPE>文档类型声明,文档类型声明对大小写不敏感。

在写HTML文档时,务必指定文档类型并将其告知浏览器。如果不指定文件类型,那么书写的HTML不是合法的HTML,并且大部分浏览器将会使用"怪癖模式"来处理页面,浏览器会按照自己的方式来处理代码。

在HTML版本从4.0升级到5.0之后,可以采用最新的文档声明方式——HTML5,

格式如下：

```
<DOCTYPE html>
```

下面为 6 种以前文档类型的声明方式。

1）HTML 4.01 Strict 严格定义类型

该 DTD 包含所有 HTML 元素和属性，但不包括修饰性元素（如 u、b 等）和弃用的元素（如 font）。不允许框架集（framesets）。

```
<!DOCTYPE HTML PUBLIC "-//W3C//DTD HTML 4.01//EN" "http://www.w3.org/TR/html4/strict.dtd">
```

2）HTML 4.01 Transitional 过渡定义类型

该 DTD 包含所有 HTML 元素和属性，包括修饰性元素（如 u、b 等）和弃用的元素（如 font）。不允许框架集。

```
<!DOCTYPE HTML PUBLIC "-//W3C//DTD HTML 4.01 Transitional//EN""http://www.w3.org/TR/html4/
loose.dtd">
```

3）HTML 4.01 Frameset 框架定义类型

该 DTD 等同于 HTML 4.01 Transitional，除 frameset 元素取代了 body 元素之外。允许框架集内容。

```
<!DOCTYPE HTML PUBLIC "-//W3C//DTD HTML 4.01 Frameset//EN" "http://www.w3.org/TR/html4/
frameset.dtd">
```

4）XHTML 1.0 Strict

该 DTD 包含所有 HTML 元素和属性，但不包括修饰性元素（如 u、b 等）和弃用的元素（如 font）。不允许框架集。必须以格式正确的 XML 来编写标记。

```
<!DOCTYPE html PUBLIC "-//W3C//DTD XHTML 1.0 Strict//EN" "http://www.w3.org/TR/xhtml1/DTD/
xhtml1-strict.dtd">
```

5）XHTML 1.0 Transitional

该 DTD 包含所有 HTML 元素和属性，包括修饰性元素（如 u、b 等）和弃用的元素（如 font）。不允许框架集。必须以格式正确的 XML 来编写标记。

```
<!DOCTYPE html PUBLIC "-//W3C//DTD XHTML 1.0 Transitional//EN" "http://www.w3.org/TR/
xhtml1/DTD/xhtml1-transitional.dtd">
```

6）XHTML 1.0 Frameset

该 DTD 等同于 XHTML 1.0 Transitional，但允许框架集内容。

```
<!DOCTYPE html PUBLIC "-//W3C//DTD XHTML 1.0 Frameset//EN" "http://www.w3.org/TR/xhtml1/
DTD/xhtml1-frameset.dtd">
```

2.2　HTML 文本格式标记

　　文本在网页中占有较大的篇幅,为了使文本排版工整,在结构上更具有语义化,HTML 标记提供了一些文本控制标记。

2.2.1　标题标记< h1 >～< h6 >

　　标题标记用来定义网页中的标题,有< h1 >、< h2 >、< h3 >、< h4 >、< h5 >、< h6 > 6 个标题标记。

　　< h1 >～< h6 >标记所包含的文本字号随数字的增加逐渐变小。从格式上看,标题标记独自占一行显示,并且上下产生空行。例 2.7 效果如图 2.4 所示。

例 2.7

```
1    <!DOCTYPE html >
2    < html lang = "en">
3    < head >
4        < meta charset = "UTF-8">
5        <title>h 标题标记</title>
6    </head >
7    < body >
8        < h1 align = "right">1 级标题</h1 >
9        < h2 >2 级标题</h2 >
10       < h3 align = "center">3 级标题</h3 >
11       < h4 >4 级标题</h4 >
12       < h5 >5 级标题</h5 >
13       < h6 >6 级标题</h6 >
14   </body >
15   </html >
```

图 2.4　使用标题标记的效果

从图 2.4 可以看出，从< h1 >到< h6 >标记包含的标题文字字号逐渐减小，且标题行之间还有空行。在例 2.7 第 8 行和第 10 行代码中，使用 align 属性定义标题的水平对齐方式。其中，align 属性的取值如下。

(1) left：左对齐(默认值)。

(2) center：居中对齐。

(3) right：右对齐。

注意：

搜索引擎在收录网页时对 H 标记比较敏感，它告诉搜索引擎这个网页所阐述的核心主题，权重比较大。在一个页面中尽量使用一个< h1 >标记，其在主页面中常用来定义 Logo。如图 2.5 所示，淘宝网主页就是使用< h1 >标记将 Logo 包含起来。

图 2.5　淘宝主页头部和源码

在图 2.6 所示的搜狐网新闻内容详情页面，使用< h1 >来定义文章的标题"霸王龙'表亲'的化石……1.15 亿年"。

图 2.6　搜狐网详情页头部和源码

2.2.2　段落标记< p >

在网页中如要把文字像书籍排版一样分为若干段落，可以使用段落标记< p >。

在例 2.8 中，使用三对< p >标记构成 3 个段落，效果如图 2.7 所示。

例 2.8

```
1    <!DOCTYPE html >
2    < html lang = "en">
```

```
3    < head >
4        < meta charset = "UTF-8">
5        <title>段落标记</title>
6    </head >
7    < body >
8        < p >这是第一个段落</p >
9        < p >这是第二个段落</p >
10       < p >这是第三个段落</p >
11   </body >
12   </html >
```

图 2.7　使用段落标记效果

从图 2.7 可以看出，< p >标记是双标记，且< p >标记定义的内容会在上下产生空行。默认情况下，文本在一个段落中会根据浏览器窗口的大小自动换行。

< p >标记的可选属性有水平对齐方式属性 align，如例 2.9 所示。

例 2.9

```
1    <! DOCTYPE html >
2    < html lang = "en">
3    < head >
4        < meta charset = "UTF-8">
5        <title>段落标记对齐属性</title >
6    </head >
7    < body >
8        < p >段落一左对齐</p >
9        < p align = "left">段落二左对齐</p >
10       < p align = "right">段落三右对齐</p >
11       < p align = "center">段落四居中对齐</p >
12   </body >
13   </html >
```

第一个段落没有设置对齐方式，默认为左对齐；第二个段落设置了 align="left"，同样为左对齐；第三个段落设置 align="center"，居中对齐；第四个段落设置 align="right"，右对齐，效果如图 2.8 所示。

21

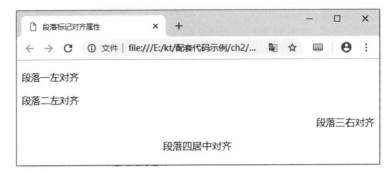

图 2.8　设置对齐方式效果

2.2.3　换行标记

换行标记
为单标记,能够使写在它后边的内容另起一行显示。

在例 2.10 中,<p>标记与
换行标记混用。<p>标记会在上下产生空行,而
标记仅让标记之后的内容在新的一行开始显示,效果如图 2.9 所示。

例 2.10

```
1    <!DOCTYPE html>
2    <html lang = "en">
3    <head>
4        <meta charset = "UTF-8">
5        <title>换行标记</title>
6    </head>
7    <body>
8        <p>这是一个段落</p>
9        <p>这是另一个段落<br/>另起一行显示的文本</p>
10   </body>
11   </html>
```

图 2.9　使用段落标记和换行标记效果

2.2.4　水平线标记<hr/>

<hr/>用于在页面中创建一条水平线,在视觉上将文档上下分开,如例2.11所示。

例2.11

```
1    <!DOCTYPE html>
2    < html lang = "en">
3    < head >
4        < meta charset = "UTF-8">
5        < title>水平线标记</title>
6    </head>
7    < body >
8        下面是使用 hr 标记创建的水平线
9        < hr/>
10       下面是一条红色的,10px 高,500px 宽的水平线.
11       < hr color = "red" size = "10px" width = "500px"/>
12   </body>
13   </html>
```

例2.11中创建了两条水平线,第一条没有添加任何属性修饰,第二条使用颜色、高度、宽度属性进行修饰,如图2.10所示。

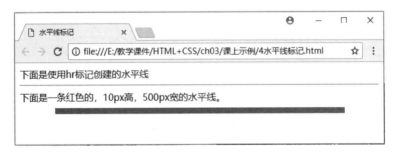

图2.10　使用水平线标记效果

水平线标记有以下3个属性。

(1) size:水平线的高度(厚度),单位为 px(像素)。

(2) width:水平线的宽度(长度),单位为 px(像素)。

(3) color:水平线的颜色。

注意:长度单位和颜色表示详见本章2.3节和2.4节。

2.2.5　<font>

通过<font>标记结合属性可以规定文本的字体、字号、颜色。现在<font>标记不推荐使用,在 HTML 4.01 中,font 元素同样不被赞成使用。在 XHTML 1.0 Strict DTD 中,font 元素不被支持。

<font>标记的属性有如下 3 种。

（1）face：定义字体。

（2）size：定义字号。

（3）color：定义文本颜色。

例 2.12 分别使用 3 个属性定义了字体、文本颜色和字号，效果如图 2.11 所示。

例 2.12

```
1    <! DOCTYPE html >
2    < html lang = "en">
3    < head >
4        < meta charset = "UTF-8">
5        < title > font 标记</title >
6    </head >
7    < body >
8        < font face = "黑体" color = "green" size = "24px">这是黑体 24px 绿色文本.</font >
9    </body >
10   </html >
```

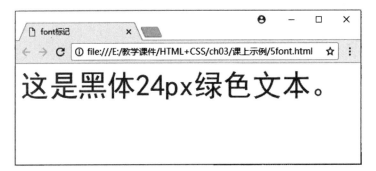

图 2.11　<font>标记规定文本的字体、字号、颜色效果

2.2.6　文本修饰标记

在网页中，有的文字在样式上需要做特殊标记，如加粗、下画线、斜体等。常见的文本修饰标记如表 2.1 所示。

表 2.1　常用的文本修饰标记

标　　记	显 示 效 果
<b></b>和< strong ></strong>	粗体（XHTML 推荐使用< strong >）
<i></i>和< em ></em>	斜体（XHTML 推荐使用< em >）
<s></s>和< del ></del>	删除线（XHTML 推荐使用< del >）
<u></u>和< ins ></ins>	下画线（XHTML 推荐使用< ins >）

使用文本修饰标记的方式如例 2.13 所示,效果如图 2.12 所示。

例 2.13

```
1    <!DOCTYPE html>
2    <html lang = "en">
3    <head>
4        <meta charset = "UTF-8">
5        <title>文本格式化标记</title>
6    </head>
7    <body>
8        <p>我是默认格式的文本</p>
9        <p><b>我是加粗文本 b</b>,<strong>我是加粗文本 strong</strong></p>
10       <p><i>我要斜着显示 i</i>,<em>我要斜着显示 em</em></p>
11       <p><u>我带下画线 u</u>,<ins>我带下画线 ins</ins></p>
12       <p><s>我带删除线 s</s>,<del>我带删除线 del</del></p>
13   </body>
14   </html>
```

图 2.12　文本修饰标记效果

2.2.7　特殊字符

网页中常会包含一些特殊字符,如版权符号"©"、大于号、小于号等。
常用的特殊字符如表 2.2 所示。

表 2.2　常用特殊字符

HTML 源代码	显示结果	描　　述
&lt;	<	小于号
&gt;	>	大于号
&quot;	"	引号
&amp;	&	可用于显示其他特殊字符
&reg;	®	注册商标
&copy;	©	版权
		不断行空白

在编写 HTML 代码时,连续输入多个空格只能显示一个空格。这时,可以采用输入多个特殊字符代码的方式在页面中显示多个空格,如例 2.14 所示。

例 2.14

```
1    <!DOCTYPE html>
2    <html lang = "en">
3    <head>
4        <meta charset = "UTF-8">
5        <title>特殊字符标记</title>
6    </head>
7    <body>
8            输入了好多空格                        真的敲了好多空格
9            中间好多空格;
                  
                 中间好
     多空格;<br>
10           版权符号 &copy;<br>
11           小于号 &lt;<br>
12           大于号 &gt;<br>
13           人民币符号 &yen;
14   </body>
15   </html>
```

例 2.14 中,输入的很多空格在页面效果上只显示一个空格,而输入多个特殊字符" "可以显示多个空格,运行效果如图 2.13 所示。

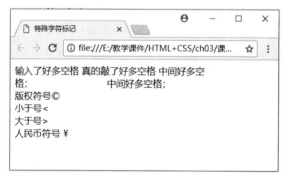

图 2.13 利用特殊字符显示多个空格效果

2.3 应用案例

案例 1:制作如图 2.14 所示新闻详情页的标题部分。

图 2.14 中,"致全体师生员工的一封信"是该页面的标题,可以使用标题标记增加权重;由于发布日期、所属栏目、点击量都采用了不同的文本格式,可以使用<font>标记并添加属性来设置;两条灰色的线使用<hr/>标记;文本之间间距采用输入多个" "来实现,具体代码见例 2.15。

图 2.14　新闻详情页标题头部效果

例 2.15

```
1    <! DOCTYPE html >
2    < html lang = "en">
3    < head >
4        < meta charset = "UTF-8">
5        < title>致全体师生员工的一封信——学院新闻</title>
6    </head >
7    < body >
8        < h1 align = "center"><font size = "38px" color = "#4d4f53">致全体师生员工的一封信
         </font></h1>
9        < hr >
10       < p align = "center"><font color = "#888">2020 年 03 月 09 日 23:19</font>
11           
12       < font color = "#b58e4f">学院新闻</font>
13           
14       < font color = "red">点击：998 </font>
15       </p>
16       < hr >
17   </body >
18   </html >
```

案例 2：制作效果如图 2.15 所示的网页。

图 2.15　静夜思页面效果图

实现图 2.15 页面效果的代码如例 2.16 所示。其中,第 7 行代码为 body 标记添加了 background 属性,以指定整个网页的背景图像。

例 2.16

```
1    <!DOCTYPE html>
2    <html lang = "en">
3    <head>
4        <meta charset = "UTF-8">
5        <title>静夜思</title>
6    </head>
7    <body background = "jysbg.jpg">
8    <!-- 使用 background 属性为整个网页添加背景图像 -->
9        <p> </p>
10       <p> </p>
11       <p> </p>
12       <p align = "center"><font face = "隶书" size = "18px">静夜思</font></p>
13       <p align = "center">床前明月光,</p>
14       <p align = "center">疑是地上霜.</p>
15       <p align = "center">举头望明月,</p>
16       <p align = "center">低头思故乡.</p>
17   </body>
18   </html>
```

2.4 常用长度单位

制作网页时常用的长度单位有如下 3 种。

(1) px:像素,相对于显示器屏幕分辨率而言。

(2) em:相对长度单位,相对于当前对象内文本的字体尺寸。

(3) pt:点,现在基本不再使用。

注意:

(1) 任意浏览器的默认字体高度是 16px。

(2) em 会继承父级元素字体的大小。

在例 2.17 中,第 8 行代码没有定义段落标记的文本字号,按照默认字号 16px 显示;第 9 行代码定义该段落标记内文本字号为 2em,也就是默认字号的 2 倍,最终效果如图 2.16 所示。

例 2.17

```
1    <!DOCTYPE html>
2    <html lang = "en">
```

```
3     < head >
4         < meta charset = "UTF-8">
5         < title > px 与 em 比较</title>
6     </head>
7     < body >
8         < p>默认字号 16px </p>
9         < p style = "font-size: 2em;">字号大小为 2em </p>
10    </body>
11    </html>
```

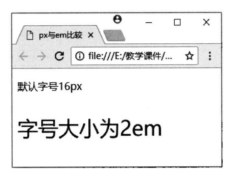

图 2.16　使用 em 单位效果

如图 2.16 所示,在例 2.17 的第 9 行代码中使用 style="font-size:2em;",定义当前段落字号大小为当前段落元素默认字号大小的 2 倍,当前段落并未定义字号大小,因而会继承浏览器的默认字号大小 16px,所以 2em 的字号会按照 32px 字号大小显示。

注意:使用 style 属性可以定义元素的行内样式,它的值采用"CSS 属性名:属性值;"的形式。

2.5　颜色表示

一个网页的色彩决定了网页的风格定位。在网页制作时,经常需要给某些属性赋颜色值。颜色的表示方法有以下 3 种。

(1) 颜色的英文单词。

(2) rgb(红,绿,蓝)。

(3) ♯RRGGBB 或 ♯RGB。

2.5.1　颜色的英文单词

在网页中定义颜色可以使用预先设定的颜色,它们是:aqua、black、blue、fuchsia、gray、green、lime、maroon、navy、olive、orange、purple、red、silver、teal、white 和 yellow。

在例 2.18 中,给文本颜色属性 color 赋值为 olive,文字按照橄榄绿的颜色显示。

例 2.18

```
1    <!DOCTYPE html>
2    < html lang = "en">
3    < head >
4        < meta charset = "UTF-8">
5        <title>用英文单词定义颜色</title>
6    </head >
7    < body >
8        < font color = "olive">我是橄榄绿色的文字.</font >
9    </body >
10   </html >
```

2.5.2 rgb 值

rgb 是工业界的颜色标准,指的是红、绿、蓝 3 种颜色。语法格式如下:

```
rgb(R,G,B)
```

其中,R、G、B 分别代表红色值、绿色值和蓝色值,取值范围是 0～255。

例如,rgb(255,0,0)可以表示红色;rgb(0,255,0)可以表示绿色;rgb(0,0,255)可以表示蓝色。

如果想要调整色彩的透明度,也可以使用如下语法格式:

```
rgba(R,G,B,A)
```

其中,R、G、B 仍然代表红、绿、蓝,取值为 0～255。A 的取值范围是 0～1,代表透明度。例如,rgba(255,0,0,0.5)代表的是半透明的红色。

在例 2.19 中,使用 style = "background:rgba(255,0,0,0.5)"行内样式来定义当前段落的背景颜色是半透明的红色。

例 2.19

```
1    <!DOCTYPE html>
2    < html lang = "en">
3    < head >
4        < meta charset = "UTF-8">
5        <title>半透明效果</title>
6    </head >
7    < body >
8        < p style = "background:rgba(255,0,0,0.5)">段落的背景颜色是半透明红色</p>
9    </body >
10   </html >
```

2.5.3　♯RRGGBB 或♯RGB

RR、GG、BB 都是代表十六进制数。其中,RR 代表红色值;GG 代表绿色值;BB 代表蓝色值。3 个参数的取值范围从 00 到 FF,参数必须是两位数,对于只有一位的,应在前面补零。

例如,♯FF0000,代表红色;♯00FF00,代表绿色;♯0000FF,代表蓝色。

如果每个参数各组中两位上的数字都相同,则可缩写为♯RGB 的方式。例如,♯FFFF00可缩写为♯FF0。

第 3 章
图像、路径及超链接

本章学习目标
- 了解网页中常用图像格式的特性。
- 掌握图像的标记和属性,能够熟练使用属性美化图像。
- 理解绝对路径和相对路径的概念,能够正确书写路径。
- 掌握超链接的标记和常用属性,能够正确链接互联网的各种文件。
- 掌握创建锚链接和电子邮件链接的方法。

3.1 网页中常用的图像格式及特性

图像在视觉传达上比文字更直观、生动,同时,在网页中插入图像能够使网页更加美观。在制作网页的过程中,常用的图像格式有 JPG、GIF 和 PNG,下面介绍这些图像格式各自的优缺点。

1. JPG

JPG 图像格式由 Joint Photographic Experts Group 提出并命名,支持 24 位颜色或真彩色。

由于人眼不能看出存储图片的全部信息,因此可以去除图像的某些细节,并对图片进行压缩,JPG 是一种以损失质量为代价的压缩方式,压缩比越高,图像质量损失越大,适用于存储色彩比较丰富、色调连续的图像。

在网页中,广告(banner)、商品照片、色彩丰富的插图都可以采用 JPG 格式。

2. GIF

GIF(graphics interchange format)的最大特点是支持动画。它采用无损压缩方式,图片质量基本没有损失。GIF 图像最多可以显示 256 种颜色,支持透明(全透明、全不透明)。

GIF 常用于制作全透明区域图像(如 Logo)、动画图片等。

3. PNG

PNG(portable network group)包括 PNG-8 和真色彩 PNG(PNG-24 和 PNG-32)。PNG 的特点是支持 alpha 透明(全透明、半透明、全不透明),PNG 不支持动画。通常 PNG-8

在同质量下比 GIF 占用更小的体积,需要半透明效果只能使用 PNG-24。

PNG 格式在网页制作时常用来做小图标、按钮、背景图像等。

3.2 图像标记

3.1 节介绍了网页中常用的图像格式,那么如何将这些图片插入网页中美化网页呢?

3.2.1 图像标记的用法

在网页中,显示图像需要使用图像标记< img/>。图像标记的基本语法格式如下:

```
< img src = "图像路径 URL"/>
```

src 属性是图像路径 URL,用于指定图像文件的存储路径和文件夹,它是< img/>标记的必须属性。

在例 3.1 中,第 8 行代码使用< img/>标记显示图像,添加必备属性 src 以指定显示图像的路径,如图 3.1 所示。

例 3.1

```
1    <!DOCTYPE html >
2    < html lang = "en">
3    < head >
4        < meta charset = "UTF-8">
5        < title>图像标记的基本格式</title>
6    </head >
7    < body >
8        < img src = "images/peggy.png">
9    </body >
10   </html >
```

图 3.1　图像标记使用效果

注意:如果需要让两个图像紧密挨在一起,必须使两个图像标记靠在一起,中间不能有空格和换行。

3.2.2 图像标记的属性

如果想在网页里灵活地对图像进行排版,需要掌握图像标记的属性。图像标记的常用属性如表 3.1 所示。

表 3.1　图像标记的常用属性

属性	属性值	描　　述
src	URL	图像的路径
alt	文本	图像不能显示时的替换文本
title	文本	鼠标指针悬停时显示的内容
width	像素	图像的宽度
height	像素	图像的高度
border	数字	图像边框的宽度
vspace	像素	图像顶部和底部的空白(垂直边距)
hspace	像素	图像左侧和右侧的空白(水平边距)
align	left	将图像对齐到左边
	right	将图像对齐到右边
	top	将图像顶端和文本的第一行文字对齐,其他文字居于图像下方
	middle	将图像的水平线和文本的第一行文字对齐,其他文字居于图像下方
	bottom	将图像的底部和文本的第一行文字对齐,其他文字居于图像下方

1. alt 属性

alt 属性规定图像的替代显示文本,如果浏览器无法显示图像,就显示替换文本。如例 3.1 中将图像标记代码改为:

```
< img src = "peggy.png" alt = "小猪佩奇">
```

在谷歌浏览器中,由于图像路径书写错误导致图像无法显示,效果如图 3.2 所示。

2. title 属性

title 属性规定关于元素的额外信息,这些信息在鼠标指针移到元素上时会显示一段提示文字。不必所有的<img>标记都添加此属性,例如,像 Logo 这样比较重要的图像建议添加此属性。

在例 3.1 中将图像标记代码改为如下所示,当鼠标指针移动到图像上时,显示 title 属性定义的提示文本,如图 3.3 所示。

```
< img src = "peggy.png" title = "小猪佩奇">
```

注意:title 属性除了应用于<img/>标记外,经常用于表单元素和超链接标记< a >,定义输入格式和链接目标的信息。

图 3.2　alt 属性使用效果　　　　　图 3.3　title 属性使用效果

3. 图像的宽高属性

如果不设置<img/>标记的宽、高属性，图片会按照它的原始尺寸显示。可以通过设置 width 和 height 属性为图像手动更改宽度和高度。

在使用 width 和 height 属性时，通常的做法是只设置一个属性，这样可以与原图成比例显示。

4. 图像的边框属性

图像在浏览器渲染时默认是没有边框的，border 属性可以定义图像周围边框的宽度。

了解了以上几个属性后，可使用它们对图像进行修饰，如例 3.2 所示。

例 3.2

```
1    <!DOCTYPE html>
2    <html lang = "en">
3    <head>
4        <meta charset = "UTF-8">
5        <title>img 标记的属性</title>
6    </head>
7    <body>
8        <img src = "images/logo.png" alt = "蜗牛学院" border = "5px">
9        <hr>
10       <img src = "images/logo.png" alt = "蜗牛学院" height = "25px">
11       <hr>
12       <img src = "images/logo.png" alt = "蜗牛学院" height = "25px" width = "80px">
13   </body>
14   </html>
```

在例 3.2 中，第 8 行代码使用 border 属性为图像添加了边框，默认边框颜色为黑色，如果需要修改边框颜色，使用标记属性是无法做到的；第 10 行代码仅使用 height 属性限定了图像的高度，图像宽度按比例缩放显示；第 12 行代码既设置了图像的高度又设置了宽度，图像按照属性定义的显示，但是发生变形，如图 3.4 所示。

图 3.4　定义 width 和 height 属性效果

5. 图像的边距属性

通常图形浏览器不会在图像和其周围之间留出很多空间。从排版需要考虑,可以用 vspace 和 hspace 分别调整图像的垂直边距和水平边距。

6. 图像的对齐属性

align 属性规定图像相对于周围元素的对齐方式,属性的取值如表 3.2 所示。

表 3.2　align 属性取值

值	属　　性	值	属　　性
left	将图像对齐到左边	top	将图像与顶部对齐
right	将图像对齐到右边	bottom	将图像与底部对齐
middle	将图像与中央对齐		

使用图像对齐属性实现图文混排效果,如例 3.3 所示。

例 3.3

```
1    <!DOCTYPE html>
2    <html lang = "en">
3    <head>
4        <meta charset = "UTF-8">
5        <title>图像的对齐属性</title>
6    </head>
7    <body>
8        <p><img src = "images/smilesmall.png">默认文本对齐方式。</p>
9        <hr>
10       <p><img src = "images/smilesmall.png" align = "left">图像对齐到左边。</p>
11       <hr>
12       <p><img src = "images/smilesmall.png" align = "right">图像对齐到右边。</p>
13       <hr>
14       <p><img src = "images/smilesmall.png" align = "middle">图像与文本居中。</p>
15       <hr>
```

```
16        < p >< img src = "images/smilesmall.png" align = "top">图像与文本顶部对齐。</p>
17        < hr >
18    </body>
19    </html>
```

默认图片与文字底部对齐(align = "bottom"),如图 3.5 所示。在网页中实现图文混排,图像和文字的环绕效果,图像居左、居右等需要使用图像的对齐属性 align。

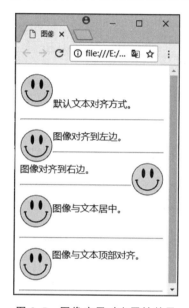

图 3.5　图像应用对齐属性效果

使用 hspace 和 vspace 为图像设置水平边距和垂直边距,如例 3.4 所示。

例 3.4

```
1    <! DOCTYPE html >
2    < html lang = "en">
3    < head >
4        < meta charset = "UTF-8">
5        < title >图像排版</title >
6    </head >
7    < body >
8        < img src = "images/html.jpg" alt = "HTML 与 CSS" align = "left" hspace = "10px" vspace =
         "20px">
9        < h3 > HTML 与 CSS </h3 >
10       < p > HTML(hypertext markup language)是文本标记语言,是用于描述网页文档的一种标记
         语言。</p>
11       < p > CSS(cascading style sheet)可译为"层叠样式表"或"级联样式表",它定义如何显示 HTML 元
         素,用于控制 Web 页面的外观。通过使用 CSS 实现页面的内容与表现形式分离,极大提高了工作
         效率 。样式存储在样式表中,通常放在 head 部分或存储在外部 CSS 文件中。作为网页标准化
         设计的趋势,CSS 取得了浏览器厂商的广泛支持,正越来越多地被应用到网页设计中去。</p>
```

```
12    </body>
13    </html>
```

例 3.4 中,第 8 行代码使用 align 属性使图像居左,实现文本环绕效果,并使用 hspace 和 vspace 属性在图像四周留白,页面效果如图 3.6 所示。

图 3.6　图文混排页面效果

3.3　路径

在<img/>标记中使用 src 属性设置图像的存储地址,如果 src 属性值书写错误,那么图像将不能显示。

通常在制作网页时,一个页面会用到很多的素材图像,将所有的素材图像都和网页堆积在一个文件夹中,会特别乱。实际项目中,通常将所用的素材图像放在一个专门用于放图像的文件夹(一般命名为 images 或 imgs)中,再将图像的路径赋值给 src 属性。

3.3.1　相对路径

相对路径是以引用文件的网页所在位置为参考基础,建立的目录路径。

图 3.7　同级目录

1. 同级目录

如果源文件和引用文件在同一个文件夹中,路径直接写文件名即可。

如图 3.7 所示,在 E 盘下存在 mypage 文件夹,mypage 文件夹内有 page1.html 和 smile.png 两个文件,page1. html 和 smile.png 属于同级目录。在 page1.html 中引用同级目录 smile.png,代码如下:

```
< img src = "smile.png"/>
```

2. 下级目录

如果引用的图像文件位于网页文件的下级目录,直接写下级目录文件的路径即可。

如图 3.8 所示,在 E 盘存在 mypage 文件夹,mypage 文件夹下有 page1. html 文件和 images 文件夹,在 images 文件夹内有 smile. png 图像。在 page1. html 中插入 smile. png 图像,代码如下:

```
< img src = "images/smile.png"/>
```

3. 上级目录

../表示源文件所在目录的上一级目录,../../表示源文件所在目录的上上级目录,以此类推。

如图 3.9 所示,在 E 盘下存在 mypage 文件夹,mypage 文件夹内有两个文件夹 html 和 images,page1. html 位于 html 文件夹内,smile. png 位于 images 文件夹内。在 page1. html 中插入 smile. png 图像,代码如下:

```
< img src = " ../images/smile.png" />
```

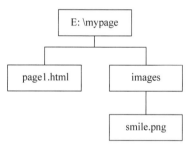

图 3.8 下级目录

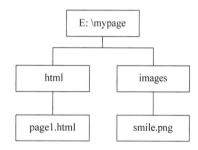

图 3.9 文件目录结构

综上所述,相对路径的写法有以下 3 种。

(1) 同级目录,写引入的文件名称即可。

(2) 下级目录,写引入文件所在的文件夹名和文件名,之间使用"/"隔开。

(3) 上级目录,写引入文件所在的文件夹名和文件名,且在文件夹名称之前加"../"。如果从网页文件向上返一级能够找到包含引入文件的文件夹,则需要写一个"../";如果需要向上返两级能够找到包含引用文件的文件夹,则需要写两个"../../";以此类推。

3.3.2 绝对路径

具体完整的路径,一般带有盘符或完整的网络地址,能精确找到需要文件的位置。

在图 3.7 所示的路径关系中,想要在 page1. html 中引用 smile. png 作为图像素材,使用绝对路径代码如下：

```
< img src = "E:\mypage\smile.png"/>
```

注意：制作网页时，不推荐使用绝对路径，因为网页制作完之后需要将所有相关的文件上传至服务器空间，这时的空间有可能是在 C 盘，也有可能是 D 盘、E 盘等其他磁盘，也有可能在别的文件夹下，从而导致路径错误，出现找不到文件或图像无法正常显示等现象。

3.4 应用案例

图 3.10 为需要实现的图文混排的效果。其中，主图像居左，文本居右，且两者之间有一定的距离。居右的文本部分有一些小的图标可以借助图像标记实现，还有标题、段落，且字号和颜色也不相同。

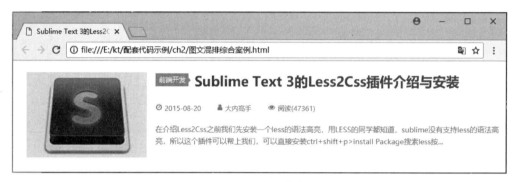

图 3.10 图文混排效果

3.4.1 效果图分析

通过分析图 3.10，能够联想到需要使用的主要标记有< img/>、标题标记、段落标记，文本和小的装饰图像之间的空白可以借助 实现。

在书写完成标记之后，页面的结构基本上搭建完成，需要借助标记的属性进行页面美化。

（1）实现主图和文本左右分布，利用< img/>的 align 属性赋值 left 实现。

（2）在主图和右半部分文本之间的留白，设置< img/>的 hspace 实现。

（3）实现文本颜色和字号的控制，不仅需要借助< font >标记，还需要利用其 color 和 size 属性实现。

3.4.2 页面结构

通过完成页面的 HTML 标记，可以完成页面结构的搭建，如例 3.5 所示，效果如图 3.11 所示。

例 3.5

```
1    <!DOCTYPE html>
2    < html lang = "en">
3    < head >
4        < meta charset = "UTF-8">
5        < title > Sublime Text 3 的 Less2Css 插件介绍与安装</title>
6    </head >
7    < body >
8        < img src = "imgs/sublime.jpg" alt = "sublimelogo" >
9        < h2 >
10           < img src = "imgs/title.png" alt = "前端开发">
11           Sublime Text 3 的 Less2Css 插件介绍与安装
12       </h2 >
13       < p >
14           < img src = "imgs/time.jpg" alt = "" >  2015-08-20
15               
16           < img src = "imgs/person.jpg" alt = "" >  大内高手
17               
18           < img src = "imgs/reads.jpg" alt = "" >  阅读(47361)
19       </p >
20       < p >
21           在介绍 Less2Css 之前我们先安装一个 less 的语法高亮,用过 less 的读者都知道,
             sublime 没有支持 less 的语法高亮,所以这个插件可以帮上我们,可以直接安装 Ctrl +
             Shift + P > install Package 搜索 less 按...
22       </p >
23   </body >
24   </html >
```

图 3.11　搭建结构效果图

3.4.3　美化

为标记添加属性,可以控制图文混排的效果。为了控制文本的字号和颜色,目前必须借助< font >标记及其属性 size、color 实现。添加完属性和标记后能够实现图 3.10 所示的页面效果。代码如例 3.6 所示。

例 3.6

```
1    <!DOCTYPE html >
2    < html lang = "en">
3    < head >
4        < meta charset = "UTF-8">
5        < title > Sublime Text 3 的 Less2Css 插件介绍与安装</title>
6    </head>
7    < body >
8        < img src = "imgs/sublime. jpg" alt = "sublimelogo" width = "220px" height = "150px"
         align = "left" hspace = "16px">
9        < h2 >
10           < img src = "imgs/title. png" alt = "前端开发">
11           < font color = "♯555">Sublime Text 3 的 Less2Css 插件介绍与安装</font>
12       </h2>
13       < p >
14           < font size = "1" color = "♯999">< img src = "imgs/time. jpg" alt = "">  2015-
             08-20 </font >     
15           < font size = "1" color = "♯999">< img src = "imgs/person. jpg" alt = "">  大
             内高手</font >     
16           < font size = "1" color = "♯999">< img src = "imgs/reads. jpg" alt = "">  阅
             读(47361)</font >
17       </p>
18       < p >
19           < font   size = "2" color = "♯999">在介绍 Less2Css 之前我们先安装一个 less 的
             语法高亮,用过 less 的读者都知道,sublime 没有支持 less 的语法高亮,所以这个插
             件可以帮上我们,可以直接安装 Ctrl + Shift + P > install Package 搜索 less 按...
             </font >
20       </p>
21   </body>
22   </html>
```

3.5 超链接标记

超链接是网页页面重要的组成元素,一个网站是由多个页面使用超链接将各个网页互链起来的。在网页中,一个字、一个词、一段话、一张图像等都可以添加超链接,用户单击添加超链接的内容可以跳转到新的文档或当前文档中的某个部分。

HTML 使用标记< a >设置超文本链接,超链接标记的语法格式如下:

```
< a href = "url">链接文字</a>
```

超链接标记有如下两个常用属性。

(1) href:用于指定链接目标的路径或 URL 地址,给超链接标记< a >指定了 href 属性,它就具备了超链接的功能。

(2) target:用于指定打开链接目标的方式。常用的值有_self 和_blank 两种,_self 指在原窗口打开链接目标(默认值),_blank 指在新窗口打开链接目标。

URL(统一资源定位符)是对互联网上得到资源的位置和访问方法的一种简洁表示,是互联网上标准的资源地址,互联网上的每个文件都有一个唯一的 URL,它包含的信息指出文件的具体位置以及浏览器如何处理它。

在例 3.7 中,给百度、搜狐、新浪 3 个词组添加了超链接分别链接到百度首页、搜狐首页、新浪首页。其中,百度超链接没有使用 target 属性指定超链接的打开方式,单击"百度"在当前窗口跳转到百度首页;单击"搜狐",使用 target 属性指定链接目标的打开方式为"_self"在当前窗口打开搜狐首页,可见,target = "_self"是默认值;"新浪"使用 target = "_blank"单击文字后会在新窗口打开 href 属性指定的链接地址。效果如图 3.12 所示,添加了超链接的文本浏览器默认情况下为蓝色且带有下画线效果。当鼠标指针移动到超链接文本上时,光标会变为手形,同时在浏览器的左下角会显示链接地址。

例 3.7

```
1    <!DOCTYPE html>
2    <html lang = "en">
3    <head>
4        <meta charset = "UTF-8">
5        <title>超链接</title>
6    </head>
7    <body>
8        <a href = "http://www.baidu.com">百度</a>
9        <a href = "http://www.sohu.com" target = "_self">搜狐</a>
10       <a href = "http://www.sina.com.cn" target = "_blank">新浪</a>
11   </body>
12   </html>
```

图 3.12 超链接标记效果

也可以为插入网页中的图像添加超链接,如例 3.8 所示,添加了超链接的图片和普通图片没有差异,效果如图 3.13 所示。当单击图片时,将跳转到链接指定的地址。

例 3.8

```
1    <!DOCTYPE html>
2    <html lang = "en">
3    <head>
```

```
4        < meta charset = "UTF-8">
5        < title>图像超链接</title>
6      </head>
7      < body>
8        < a href = "http://snailuni.edu.cn">< img src = "images/logo.png" alt = "蜗牛学院">
         </a>
9      </body>
10     </html>
```

图 3.13　图像超链接效果

超链接还有如下一个属性。

title：指向链接的提示信息，就是当鼠标指针移动到添加了超链接的文字或图片时，会出现文字提示。

为百度文字添加了超链接且使用了 title 属性就为超链接添加了提示文字"百度"，如例 3.9 所示。当鼠标指针移动到超链接文字上时，鼠标指针旁边会显示提示文字，效果如图 3.14 所示。

例 3.9

```
1      <! DOCTYPE html >
2      < html lang = "en">
3      < head >
4        < meta charset = "UTF-8">
5        < title>超链接的 title 属性</title>
6      </head >
7      < body >
8        < a href = "http://www.baidu.com" title = "百度">百度</a>
9      </body >
10     </html >
```

图 3.14　为超链接添加 title 属性效果

3.6 应用案例

制作如图 3.15 所示仿百度搜索结果效果页面，代码如例 3.10 所示。

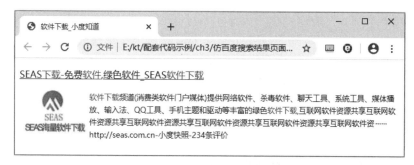

图 3.15 仿百度搜索结果页

本条搜索结果整体分为上下两个部分，使用两对< p >标记。上边软件标题有的文本样式特殊，需要使用< font >标记及其属性实现。下半部分为软件图标及介绍，图标居右使用< img >的 align＝"left"水平左对齐实现，软件介绍为红色文本，需要使用< font >标记及其color 文本颜色属性设置实现。

例 3.10

```
1   <!DOCTYPE html >
2   < html lang = "en">
3   < head >
4       < meta charset = "UTF-8">
5       < title >软件下载_小度知道</title >
6   </head >
7   < body >
8       < p >
9           < a href = "http://www.seas.com.cn"> SEAS < font color = "red">下载</font >-免费
            < font color = "red">软件</font >,绿色软件_SEAS < font color = "red">软件下载</font >
            </a >
10      </p >
11      < p >
12          < img src = "logo.jpg" alt = "" align = "left">
13          < font color = "#333" size = "2">< font color = "red">软件下载</font >频道(消费
            类软件门户媒体)提供网络软件、杀毒软件、聊天工具、系统工具、媒体播放、输入法、QQ
            工具、手机主题和驱动等丰富的绿色< font color = "red">软件下载</font >,互联网
            软件资源共享互联网软件资源共享互联网软件资源共享互联网软件资源共享互联网
            软件资源共享互联网软件资……
14          < br/>
15          http://seas.com.cn-小度快照-234 条评价
16          </font >
17      </p >
18  </body >
19  </html >
```

3.7 其他形式的链接

3.7.1 锚链接

当某个网页的内容太长,用户需要不断地拖动滚动条才能找到需要的内容,想要快速跳转到某个网页的具体位置时,就需要在页面中定义锚点,创建锚链接。

锚链接的作用在于实现单个页面内不同位置的跳转,有些地方也叫作书签。

定义锚点需要使用超链接标记<a>的 name 属性,语法格式如下:

```
< a name = "label">锚点</a>
```

其中,name 的属性值是自定义锚点的名称。一个页面可以定义多个锚,定义的锚点不会附加任何显示样式。

注意:定义锚点<a name="">></a>之间不一定需要具体的内容,只是做一个定位。

定义了锚点之后,就可以在文档中使用 href 属性创建指向该锚点的链接,语法格式如下:

```
< a href = "♯label">链接到 label 锚点</a>
```

当需要链接到某个已命名的锚点时,将 href 的属性值书写为"♯锚点名称",单击超链接就可以快速跳转到锚点定义的位置,如例 3.11 所示,效果如图 3.16 所示。

例 3.11

```
1    <!DOCTYPE html >
2    < html >
3    < head >
4        < meta charset = "UTF-8">
5        <title>锚链接</title>
6    </head >
7    < body >
8        < h4 >< a href = "♯C6">查看第六节</a></h4 >
9        < h2 >第一节</h2>
10       <p>第一节的内容,啦啦啦啦~~~</p>
11       < h2 >第二节</h2>
12       <p>第二节的内容,啦啦啦啦~~~</p>
13       < h2 >第三节</h2>
14       <p>第三节的内容,啦啦啦啦~~~</p>
15       < h2 >第四节</h2>
16       <p>第四节的内容,啦啦啦啦~~~</p>
17       < h2 >第五节</h2>
18       <p>第五节的内容,啦啦啦啦~~~</p>
19       < h2 >< a name = "C6">第六节</a></h2>
```

```
20        <p>第六节的内容,啦啦啦啦～～～</p>
21        <h2>第七节</h2>
22        <p>第七节的内容,啦啦啦啦～～～</p>
23        <h2>第八节</h2>
24        <p>第八节的内容,啦啦啦啦～～～</p>
25        <h2>第九节</h2>
26        <p>第九节的内容,啦啦啦啦～～～</p>
27        <h2>第十节</h2>
28        <p>第十节的内容,啦啦啦啦～～～</p>
29    </body>
30    </html>
```

单击图 3.16 中“查看第六节”超链接文本,页面快速跳转到定义锚点的地方,如图 3.17 所示。

图 3.16 锚链接页面效果   图 3.17 单击锚链接跳转后效果

注意:制作网页时,有些链接地址还不确定,可以先写成空链接(♯)的形式。例如,
<a href="♯">链接文字</a>。

创建锚链接时,还可以链接到别的页面。例如,在 index.html 中存在锚点名称为 A 的
锚点,想在其他页面里面链接到 index.html 页面中的 A 锚点,可以写成:<a href="index.
html♯A">链接文字</a>。

3.7.2 电子邮件链接

指定 href 属性为 mailto:Email 地址,可以给某个电子邮箱发送电子邮件,语法格式
如下:

```
<a href="mailto:ilovehtml@163.com">发邮件</a>
```

或者：

```
< a href = "mailto:ilovehtml@163.com?subject = 这是邮件的主题 &body = 这是邮件的内容" >发送
邮件</a>
```

单击电子邮件链接后，会运行系统默认邮件程序给 $ilovehtml@163.com$ 发送邮件，并
且收件人位置已经填上了收件人的地址。

注意：电子邮件链接的邮件地址必须完整。

3.7.3　文件下载

通过指定超链接标记的 href 属性为文件的路径，可以实现下载文件的功能，实现效果
如图 3.18 所示。

图 3.18　文件下载页面

例 3.12 的第 33 行代码，通过为图片添加超链接，将下载文件的路径赋值给 href 属性。
在浏览器查看网页时，通过单击蓝色按钮就能够实现文件下载功能，如例 3.12 所示。

例 3.12

```
1    <!DOCTYPE html >
2    < html lang = "en">
3    < head >
4        < meta charset = "UTF-8">
5        < title >QQ下载_腾讯 QQ 下载 2020 电脑版_SEAS 软件下载</title>
6    </head >
7    < body >
8        < h1 >
```

```
9         < img src = "QQicon.jpg" align = "left" alt = "">
10        < font color = "♯333"> QQ2019 9.2.3.26683 </font >
11        < img src = "safe.jpg" alt = "" >
12     </h1 >< br >
13     < hr color = "♯e5e5e5" size = "3px">
14     < p >
15     < font color = "♯999">
16     软件大小: < font color = "♯333"> 80.47MB </font >
17               
18     软件厂商:    < font color = "♯333">腾讯</font >
19     </font >
20     </p >
21     < p >
22     < font color = "♯999">
23     软件语言: < font color = "♯333">简体中文</font >
24               
25     软件授权:    < font color = "♯333">免费</font >
26     </font >
27     </p >
28     < p >
29     < font color = "♯999">
30     更新时间: < font color = "♯333"> 2020-3-15 </font >
31     </font >
32     </p >
33     < p >< a href = "♯">< img src = "btndownload.jpg" alt = ""></a ></p >
34  </body >
35  </html >
```

3.7.4 FTP 服务器链接

浏览网页采用的是 HTTP,而 FTP 服务器采用的是 FTP,语法格式如下:

```
< a href = "ftp://服务器 IP 地址或域名">链接的文字</a>
```

FTP 不同于网页链接 HTTP,FTP 需要从服务器管理员处获得登录的权限。也有一些 FTP 服务器可以匿名访问,以获得一些公开的文件。

第 4 章
CSS

本章学习目标

- 理解 CSS 的概念及用途。
- 掌握创建 CSS 文件的方法。
- 掌握 CSS 的语法结构。
- 掌握样式表文件的 4 种应用方式。
- 理解 CSS 中选择器的不同写法。
- 理解 CSS 的继承性、优先级和层叠性。

HTML 标记用来定义文档的内容,通过使用< h1 >和< p >这样的标记来表达"这是一级标题""这是段落"之类的信息。前面内容介绍过使用标记的属性进行页面美化,但是却不利于代码的维护。使用 CSS 进行页面美化,能够实现结构层(HTML)与表现层(CSS)的代码分离。

4.1 CSS 概述

前面内容提到了前端的三层架构,CSS 负责表现层。那么,CSS 的作用是什么呢?
以百度搜索页面为例,正常页面如图 4.1 所示。

图 4.1 百度搜索页面

删除 CSS 文件后,页面效果为图 4.2 所示。可以看出 CSS 负责美化页面。

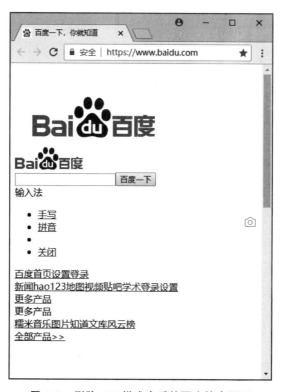

图 4.2 删除 CSS 样式表后的百度搜索页面

CSS(cascading style sheets,层叠样式表)是用来控制 HTML 或 XML 等文件样式的计算机语言。

CSS 代码如例 4.1 所示。

例 4.1

```
1    body
2    {
3      background-color:#d0e4fe;
4    }
5    h1
6    {
7      color:orange;
8      text-align:center;
9    }
10   p
11   {
12     font-family:"Times New Roman";
13     font-size:20px;
14   }
```

将 CSS 代码单独放到一个文件中,并以.css 为扩展名的就是 CSS 文件,如 style.css。
CSS 文件的图标如图 4.3 所示。

图 4.3 CSS 文件的图标

创建 CSS 文件的方法有如下两个。

（1）新建记事本文件，将扩展名改为.CSS 即可变成 CSS 文件。

（2）使用编辑器新建文件，直接新建 CSS 文件，或者在保存文件时选择文件类型为 CSS。

4.2　CSS 语法结构

4.2.1　语法格式

CSS 规则由如下两个部分构成。

（1）选择器。

（2）由属性和值组成的一条或多条声明。

如例 4.1 中，各部分称谓如图 4.4 所示。

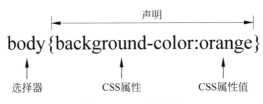

图 4.4 CSS 的组成

其中，选择器用来选中需要改变样式的 HTML 元素；每条声明由一个 CSS 属性和值组成，CSS 属性表示希望设置的样式属性，每个属性有一个值，属性和值被冒号分开。

CSS 声明以分号“;”结束，声明组用大括号“{}”括起来。

其语法格式如下所示，选择器部分书写为“p”规定了声明组内定义的是< p >标记内的样式。第 1 个 CSS 属性为 color 是文本颜色属性，值为 green 表示文本颜色为绿色；第 2 个 CSS 属性 font-size 是文本字号属性，值为 12px 表示文本大小为 12 像素。

```
p{color:green;font-size:12px;}
```

为了增强上述代码的可读性，也可书写为如下格式：

```
p{
    color:green;
    font-size:12px;
}
```

4.2.2　注释

注释的格式如下：

```
/* 单行注释的内容 */
/*
    多行注释内容一
    多行注释内容二
*/
```

添加 CSS 注释可以使样式表文件更具有可读性，后期修改样式规则更容易。

CSS 注释以"/*"开始，以"*/"结束。

在例 4.2 中，第 1 行注释的是第 2 行定义的内容，第 3 行注释的是第 4 行定义的内容。后期需要修改网页 body 定义的通用样式或者头部样式时，在 CSS 样式文件里查找起来方便。

例 4.2

```
1    /* bodyCSS,文本对齐方式为居中,上下外边距为 0 左右自动居中 */
2    body{ text-align:center; margin:0 auto;}
3    /* 头部 css 定义,宽度为 960 像素,高度为 120 像素 */
4    #header{ width:960px; height:120px;}
```

4.3　CSS 的使用

想要使用 CSS 修饰网页，需要在 HTML 文档中引用 CSS 样式。CSS 样式的使用方法有以下 4 种方式。

4.3.1　行内样式

行内样式也称为内联样式，是使用 style 属性在 HTML 元素内部定义的样式。当特殊的样式需要应用到个别元素时，可以使用行内样式，如例 4.3 所示。

例 4.3

```
1    <!DOCTYPE html>
2    <html lang = "en">
3    <head>
4        <meta charset = "UTF-8">
5        <title>行内样式</title>
6    </head>
```

```
7       < body >
8           < h3 style = "font-family: '隶书';color:red;">静夜思</h3 >
9           < p >床前明月< font style = "font-size:28px;">光</font >,</p >
10          < p >疑是地上< font style = "font-size:28px;">霜</font >。</p >
11          < p >举头望明< font style = "font-size:28px;">月</font >,</p >
12          < p >低头思故< font style = "font-size:28px;">乡</font >。</p >
13      </body >
14  </html >
```

在例 4.3 中,在 HTML 标记内使用 style 属性可以直接应用 CSS 样式。其中,font-family 是字体属性;font-size 是字号属性;color 是文本颜色属性。效果如图 4.5 所示。

图 4.5 行内样式表修饰文本样式

行内样式的基本语法格式如下:

<标记名 style = "属性 1:属性值 1;属性 2:属性值 2;⋯⋯;属性 n:属性值 n;">内容</标记名>

上述语法格式中,style 为标记的属性,任何 HTML 标记都有 style 属性,用于设置行内样式。style 的属性值书写的样式规则与 CSS 样式规则声明相同。

行内样式使 HTML 页面不纯净,结构层与样式层没有分开,不利于后期维护,也不利于搜索引擎的蜘蛛爬行。

4.3.2 内嵌样式表

内嵌样式表是写在 HTML 文档内部< head ></head >标记中使用< style ></style >标记定义的。内嵌样式表定义在 HTML 文档头部,如例 4.4 所示。

例 4.4

```
1    <!DOCTYPE html>
2    <html lang = "en">
3    <head>
4        <meta charset = "UTF-8">
5        <title>内嵌样式表</title>
6        <style type = "text/css">
7        h3{
8            font-size: 48px;
9            color: #0000ff;
10       }
11       p{
12           color: #00ff00;
13       }
14       </style>
15   </head>
16   <body>
17       <h3>我是三级标题标记内的文本,字号 48 像素,文本颜色为蓝色</h3>
18       <p>我是段落标记内的文本,我是绿色的。</p>
19       <p>我也在段落标记内。</p>
20   </body>
21   </html>
```

在例 4.4 中,分别使用 h3 和 p 选择器选择页面中的 h3 和 p 元素,定义三级标题文本字号为 48 像素,颜色为蓝色;段落标记文本为绿色。因此,代码中的第 17 行标记内的文本"我是三级标题标记内……"按照 h3 选择器定义的样式显示,代码第 18 和 19 行的段落文本都按照 p 选择器定义的样式显示,如图 4.6 所示。

图 4.6　内嵌样式表页面效果

内嵌样式表的基本语法格式如下:

```
<head>
<style type = "text/css">
```

```
    选择器{属性 1:属性值 1;属性 2:属性值 2;……属性 n:属性值 n;}
</style>
</head>
```

<style>标记一般放在<head>标记的<title>标记后。type 是<style>标记类型的意思,规定样式表的 MIME 类型,type="text/css"表示内容是标准的 CSS 文本,告诉浏览器这里的文本内容当层叠样式表来解析。type="text/css"必须定义,如果不定义,有些 CSS 效果浏览器解释得不一样。

注意:在<head>标记内部除了嵌套<style>标记书写样式规则外,还可以嵌套<script>标记书写 JavaScript 代码。

内嵌样式表的缺点在于,如果一个站点有很多页面,页面使用的公共 CSS 代码使用内嵌样式表,则需要在每个页面定义,工作烦琐,每个页面文件都会变大,后期维护难度也大。如果需要用到样式的文件少,CSS 代码也不多,则可以这么使用。

4.3.3 链入外部样式表

可以通过<link/>标记将外部的 CSS 文件链接到 HTML 文档内部,为页面添加样式。语法格式如下:

```
<link href="CSS 文件的路径" type="text/css" rel="stylesheet"/>
```

<link/>标记放在<head>标记头部,必须指定它的 3 个属性。

(1) href:定义链接外部样式文件的 URL 路径。

(2) rel:规定当前文档与被链接文档之间的关系。如果值为 stylesheet,则指示被链接的文档是一个样式表文档。rel 的属性值 stylesheet 得到了所有浏览器的支持,属性的其他值只得到了部分支持。

(3) type:定义链接当前文档的类型,链接样式表文件需要写值为 text/css,表示链接的是一个 CSS 样式表文件。

例如,谷歌浏览器默认字体大小约为 16px,需要在制作页面时将字号的默认大小设置为 12px,可以按照如下步骤实现。

(1) 创建 HTML 文档,代码如例 4.5 所示。

例 4.5

```
1   <!DOCTYPE html>
2   <html lang="en">
3   <head>
4       <meta charset="UTF-8">
5       <title>链入外部样式表</title>
6   </head>
7   <body>
8       网页内容
```

```
9          <p>我是段落文本</p>
10     </body>
11     </html>
```

其中,<body>内的文本在谷歌浏览器中,采用默认字号 16px 显示,如图 4.7 所示。

图 4.7　默认样式页面效果

(2) 新建 style.css 文件,写入如下代码,定义 body 内的字号为 12 像素。

```
body{
    font-size: 12px;
}
```

(3) 在例 4.5 中的<head>标记的<title>标记之后(第 5 行代码之后)加入下述代码。

```
<link rel = "stylesheet" type = "text/css" href = "style.css">
```

HTML 文档<body>中定义的文本默认都采用 12px 大小字号显示,如图 4.8 所示。

图 4.8　链入外部样式表效果

链入外部样式是使用频率最高的样式表使用方法，实现了页面的结构层和表现层分离，使前期制作和后期维护十分方便。

4.3.4　导入样式表

导入样式表也是使用外部定义的 CSS 文件。导入样式表分两种情况使用：第一，使用在 HTML 文档中；第二，使用在样式表文档中，在某个样式表文件中导入其他的样式表文档。

1. 使用在 HTML 文档中

使用导入样式表和内嵌样式表一样需要在头部添加< style >标记和 type 属性，在标记内使用@import 关键字导入样式表，语法格式如下：

```
< head >
    < title >文档标题</title>
    < style type = "text/css">
        @import url(CSS 文件路径); 或 @import "CSS 文件路径";
    </style >
</head >
```

链入同级目录的外部样式表 style.css 如果写成导入样式表，代码如下所示：

```
< style type = "text/css">
    @import "style.css"
</style >
```

也可是如下代码：

```
< style type = "text/css">
    @import url(style.css);
</style >
```

链入外部样式表和导入外部样式表的作用几乎是一样的，都能够将外部的 CSS 文件引入 HTML 文档中使用，但两者还是有一些细微差别。

使用 link 链接的 CSS 文件，在客户端用户浏览网页时，先将外部的 CSS 文件加载到网页文件中，再显示网页。这种情况显示的网页和设计的网页效果一样，即使网速再慢也是一样的效果。而使用@import 导入 CSS 文件，在客户端浏览网页时是先将 HTML 结构呈现出来，再把外部的 CSS 文件加载到网页中。当网速较快时跟前者的效果没有差别，但是当网速较慢时，会先展示没有 CSS 样式修饰的 HTML 页面，造成网页格式错乱。

2. 使用在样式表文件中导入其他样式表文件

使用在样式表文件中导入其他样式表文件时，通常将导入语句写在样式表文件的前面。
假设有一个 index.html 页面，代码如下所示：

```
1    <!DOCTYPE html>
2    < html lang = "en">
3    < head >
4        < meta charset = "UTF-8">
5        <title>样式表</title>
6        < link rel = "stylesheet" type = "text/css" href = "index.css"/>
7    </head >
8    < body >
9        网页文本
10   </body >
11   </html>
```

在第 6 行链入外部样式表 index.css 的代码如下:

```
body{
    font-size: 12px;
}
```

此时页面显示效果如图 4.9 所示,"网页文本"4 个字按照 12px 展示。

默认情况下,谷歌浏览器会为 HTML 文档添加默认样式,代码如下:

```
body{
    display:block;
    margin:8px;
}
```

其中,display:block;是元素的展示方式为块状元素(无论包含的内容多少,都像 p 元素一样单独占一行展示,在后面将详细讲解);margin:8px;元素四周留有 8 像素外边距或空隙(后续内容将详细讲解)。

为了消除浏览器定义的默认样式,一般会添加一个清零样式表,通常文件名为 reset.css,书写样式文件内容如下:

```
body{margin:0;}
```

再将 reset.css 文件导入 index.css 文件中,将 index.css 代码改写如下:

```
@import url(reset.css);
body{
    font-size: 12px;
}
```

其中,首行的@import 表示要在 index.css 文件中导入 reset.css 文件。此时,由于在 index.html 中链入了 index.css 文件,reset.css 和 index.css 中的定义样式都将起作用。页面效果如图 4.10 所示。

图 4.9　谷歌浏览器默认样式的效果　　　图 4.10　重置默认样式后的效果

图 4.9 与图 4.10 对比发现,网页显示的文本紧贴浏览器边缘展示,浏览器添加的默认样式 margin:8px;被 reset.css 文件重置为 0。

4.4　CSS 选择器

4.4.1　基础选择器

1. 标记选择器

标记选择器就是通过标记名来选择元素。所有的 HTML 标记都可以作为标记选择器,如 p、h3、a 等。使用标记选择器定义的样式规则对页面内所有使用该标记的元素有效。

在例 4.6 中,使用 h3 和 p 作为选择器,为三级标题定义文本颜色为红色,为<p>标记定义文本字号为 38px。如图 4.11 所示,由于使用的是标记选择器 p,所以 3 个<p>标记内的文本都是按照 38px 的字号显示。

例 4.6

```
1    <! DOCTYPE html >
2    < html lang = "en">
3    < head >
4        < meta charset = "UTF-8">
5        <title>标记选择器</title>
6        < style type = "text/css">
7            h3{
8                color:red;
9            }
10           p{
11               font-size: 38px;
12           }
13       </style >
14   </head >
15   < body >
16       < h3 >我是三级标题内的文字,红色。</h3>
17       < p >这是第一段。</p>
```

```
18        <p>这是第二段。</p>
19        <p>这是第三段。</p>
20    </body>
21    </html>
```

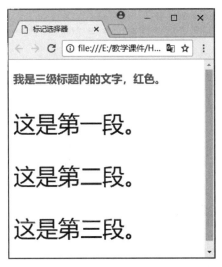

图 4.11　标记选择器定义文本颜色、字号效果

2. 类选择器

在 CSS 中，类选择器以一个点号"."进行标识，基本的语法格式如下：

.类选择器名{属性 1:属性值 1;属性 2:属性值 2;属性 3:属性值 3;}

在 HTML 文档中，所有使用 class 属性值为类名的元素，都将遵从该类样式定义的规则。

在例 4.6 中，需要将三级标题和"这是第二段"文本都居中显示。在 CSS 样式规则中定义 center 类样式，在 h3 和第 2 个 p 标记使用 class 应用类样式，见例 4.7。

例 4.7

```
1    <!DOCTYPE html>
2    <html lang = "en">
3    <head>
4        <meta charset = "UTF-8">
5        <title>类选择器</title>
6        <style type = "text/css">
7            h3{
8                color:red;
```

```
9                }
10            p{
11                font-size: 38px;
12            }
13            .center{
14                text-align: center;
15            }
16        </style>
17    </head>
18    <body>
19        <h3 class = "center">我是三级标题内的文字,红色。</h3>
20        <p>这是第一段。</p>
21        <p class = "center">这是第二段。</p>
22        <p>这是第三段。</p>
23    </body>
24 </html>
```

在例 4.7 的第 13 行代码中,center 类样式定义的样式规则使用的 CSS 属性是 text-align(文本对齐属性),取值为 center(居中对齐),在第 19 行和第 21 行代码的起始标记添加 class="center"应用了该类样式,水平方向居中,显示效果如图 4.12 所示。

图 4.12　类选择器定义文本颜色、字号、水平对齐方式效果

可以使用类选择器词列表方法为一个元素同时设置多个类样式,只需在赋值给 class 属性时将多个类名用空格隔开,语法格式如下:

<标记名 class = "类名 1　类名 2　类名 3……类名 n">内容</标记名>

在例 4.8 的 bold 类样式中,将 font-weight(字体粗细属性)赋值为 bold(粗体),定义文本按照粗体样式显示;在 green 类样式中,将 color(文本颜色属性)赋值为 green(绿色),定义文本颜色为绿色;在 biger 类样式中,将 font-size(文本字号属性)赋值为 24px,定义字号大小为 24px。

例 4.8

```
1    <!DOCTYPE html>
2    <html lang = "en">
3    <head>
4        <meta charset = "UTF-8">
5        <title>类选择器词列</title>
6        <style>
7            .bold{
8                font-weight: bold;
9            }
10           .green{
11               color:green;
12           }
13           .biger{
14               font-size: 24px;
15           }
16       </style>
17   </head>
18   <body>
19       <p>这是一个没有添加样式的段落。</p>
20       <p class = "biger   green   bigger">这个段落的文本为 24px,绿色,粗体。</p>
21   </body>
22   </html>
```

在例 4.8 中,第 2 个段落标记同时使用了 3 个类样式,段落文本显示 24px,粗体字,绿色,如图 4.13 所示。

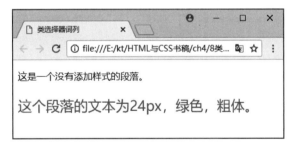

图 4.13　类选择器定义文本字号、粗细、颜色效果

3. id 选择器

id 选择器以"♯"来定义,可为标有特定 id 属性的 HTML 元素定义特定的样式。

id 属性用来给元素分配唯一的标识符。由于标识符是唯一的,因此多个元素不能共用同一个 id 属性值。

在例 4.9 中,将 id 为 red 样式的文本显示为红色;id 为 italic 的样式规则时,将 font-style(文本样式属性值)定义为 italic(斜体)显示。第 1 个段落文本显示红色;第 2 和第 3 个段落都将 id 属性值定义为 italic,也都显示为斜体;第 4 个段落用空格隔开多个 id 样式赋值给 id 属性,元素内部文本没有显示任何定义的样式规则,按照默认样式显示,如图 4.14 所示。

例 4.9

```
1    <!DOCTYPE html>
2    < html lang = "en">
3    < head >
4        < meta charset = "UTF-8">
5        <title> id 选择器</title>
6        < style type = "text/css">
7        #red{
8            color:red;
9        }
10       #italic{
11           font-style: italic;
12       }
13       </style>
14   </head>
15   < body >
16       < p id = "red">段落一,id = "red",文本显示为红色。</p>
17       < p id = "italic">段落二,id = "italic",文本倾斜。</p>
18       < p id = "italic">段落三,id = "italic",倾斜。</p>
19       < p id = "red italic">段落四,id = "red italic",同时设置红色和斜体却按照默认样式显
             示。</p>
20   </body>
21   </html>
```

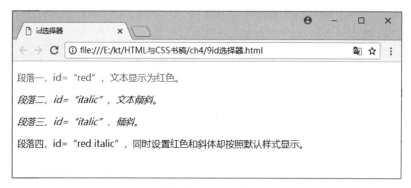

图 4.14   id 选择器定义文本颜色、风格效果

由例 4.9 得出如下两条结论。

(1) 在 HTML 文件中,一个 HTML 元素只允许有一个 id 值。虽然可以像类样式那样使用 id 选择器,将一个 id 值赋值给多个元素的 id 属性,使用定义的样式规则,但是一般不采用例 4.9 中第 17、18 行代码的写法。

(2) 将多个 id 选择器的名称使用空格隔开赋值给 HTML 元素的 id 属性,样式规则无效。

4. 通配符选择器

通配符选择器为 ∗ ,该选择器可以与任何元素匹配。

在例 4.10 的第 7 行代码中,使用通配符选择器定义所有元素,默认文本为灰色(♯333333)。如图 4.15 所示,无论是直接嵌套在< body >标记内的文本,还是标题文本,段落文本等,都显示为灰色。

例 4.10

```
1    <!DOCTYPE html >
2    < html lang = "en">
3    < head >
4        < meta charset = "UTF-8">
5        <title>通配符设置网页所有文本颜色</title>
6        < style type = "text/css">
7            * {
8                color: ♯333;
9            }
10       </style >
11   </head >
12   < body >
13       普通文本
14       < h5 >五级标题</h5>
15       < i >斜体字</i>
16       < p >段落文本</p>
17   </body >
18   </html >
```

图 4.15 通配符选择器定义文本颜色效果

通配符选择器虽然功能强大,但是出于效率考虑,很少使用。由于不同浏览器对于元素的默认边距(margin 为外边距,padding 为内边距,后续内容将详解)定义不一致,为了保证页面能够兼容多种浏览器,通常在 reset.css(制作网页时用来重置浏览器默认样式规则的样式表文件)中使用通配符重置样式,通常写法如下:

```
* {margin:0;padding:0;}
```

4.4.2 复合选择器

复合选择器就是将两个或多个基本选择器,通过不同的方式组合成的选择器。复合选择器有 3 种类型:交集选择器、并集选择器和后代选择器。

1. 交集选择器

交集选择器由两个简单的选择器直接连接构成,两个选择器之间没有任何分隔符号。其选择结果是两者各自作用范围的元素的交集。

注意:在使用交集选择器时,第 1 个必须是标记选择器,第 2 个必须是类选择器或 id 选择器,且两个选择器之间不能有任何字符(包括空格)。

在例 4.11 中,定义了< h5 >和< p >标记的样式、类名为 blue 的类样式,以及 h5. pink 和 p. blue 并集选择器。在浏览器打开的页面效果如图 4.16 所示。

例 4.11

```
1    <!DOCTYPE html>
2    < html lang = "en">
3    < head >
4        < meta charset = "UTF-8">
5        <title>交集选择器</title>
6        < style type = "text/css">
7            h5♯pink{
8                color:pink;
9            }
10           h5{
11               color:red;
12           }
13           p{
14               color:green;
15           }
16           p. blue{
17               color:yellow;
18           }
19           . blue{
20               color:blue;
21           }
22       </style>
23   </head>
24   < body >
25       < h5 >五级标题</h5>
26       < h5 id = "pink">五级标题且应用了类样式 pink(显示为粉色)</h5 >
27       <p>普通的段落文本</p>
28       < p class = "blue">段落文本且应用了类样式 blue(显示为黄色)</p>
29   </body>
30   </html>
```

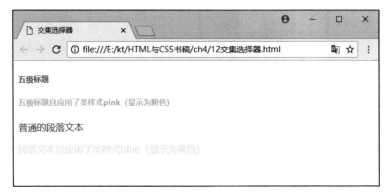

图4.16 交集选择器应用效果

从图4.16可以看出,由交集选择器定义的样式必须既满足前面的标记名称又符合后边的类选择器或id选择器,且不会对单独使用标记选择器、类选择器或id选择器定义的样式有影响。

2. 并集选择器

并集选择器是使用","(英文逗号)把选择器隔开的选择器列表。其选择结果是该选择器列表中每个独立选择器选中元素的并集。

注意:并集选择器的选择器列表不分前后顺序。在CSS中,当多个选择器具有相同的声明时,可以使用并集选择器定义样式规则。

例如,text-decoration为文本装饰属性,取值为underline的意思是为文本添加下画线。

```
h1{text-decoration: underline;}
h4{text-decoration: underline;}
p{text-decoration: underline;}
```

可以将文本装饰属性精简为例4.12中第7~9行代码所示,使用并集选择器一起定义。如图4.17所示,<h1>、<h4>、<p>标记包含的文本都添加下画线。

例4.12

```
1    <!DOCTYPE html>
2    <html lang = "en">
3    <head>
4        <meta charset = "UTF-8">
5        <title>并集选择器</title>
6        <style type = "text/css">
7            h1,h4,p{
8                text-decoration: underline;
9            }
10       </style>
11   </head>
```

```
12    <body>
13        <h1>一级标题</h1>
14        <h4>四级标题</h4>
15        <p>段落文本</p>
16    </body>
17    </html>
```

图 4.17   并集选择器应用效果

3. 后代选择器

后代选择器使用空格分隔，将外层标记写在前面，内层标记写在后面，内层标记为外层标记的后代（子元素）。语法格式如下：

A B{属性 1:属性值 1;属性 2:属性值 2;属性 n:属性值 n;}

形式"A B"的选择器将选择被 A 元素嵌套的 B 元素，即 B 元素为 A 元素的后代元素。

在例 4.13 中，第 13、14 行代码中的 em 分别为<h4>和<p>的子元素，如图 4.18 所示，嵌套在第 14 行代码<p>标记中的两对<em>标记的文本都显示为红色，可见后代选择器定义的样式规则会应用到所有被嵌套的元素上，与嵌套的层级无关。

例 4.13

```
1     <!DOCTYPE html>
2     <html>
3     <head>
4         <meta charset = "UTF-8">
5         <title>后代选择器</title>
6         <style type = "text/css">
7             p em{
8                 color:#ff0000;
9             }
10        </style>
```

68

```
11    </head>
12    <body>
13        <h4>我爱<em>大前端</em></h4>
14        <p>我爱<em>HTML&CSS</em>,我们都爱<strong><em>大前端</em></strong></p>
15    </body>
16    </html>
```

图 4.18　后代选择器应用效果

在例 4.14 中,使用空格将类选择器 demo 和通配符选择器隔开,在<p>标记应用 demo 类样式,后代元素<i>标记、<b>标记内的文本都显示定义的样式规则 background-color 设置的背景颜色,且为黄色,效果如图 4.19 所示。

例 4.14

```
1    <!DOCTYPE html>
2    <html lang = "en">
3    <head>
4        <meta charset = "UTF-8">
5        <title>通配符配合其他选择器使用</title>
6        <style type = "text/css">
7            .demo * {
8                background-color: yellow;
9            }
10        </style>
11    </head>
12    <body>
13        <p class = "demo"><i>我是段落倾斜文本</i>我是普通段落文本。<b>我是段落加粗文本。</b></p>
14    </body>
15    </html>
```

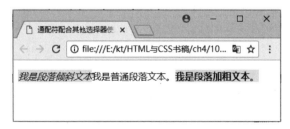

图 4.19　通配符选择器搭配其他选择器应用效果

4. 子选择器

子选择器在选择器部分使用">"将前后元素隔开。与后代选择器相比,子选择器只能选择作为某元素的子元素的元素。

只想修饰被<p>元素直接嵌套的<em>元素中的文本,代码如例 4.15 所示。

例 4.15

```
1   <!DOCTYPE html>
2   <html>
3   <head>
4       <meta charset = "UTF-8">
5       <title>子选择器</title>
6       <style type = "text/css">
7           p>em{
8               background-color:yellow;
9           }
10      </style>
11  </head>
12  <body>
13      <h4>我爱<em>大前端</em></h4>
14      <p>我爱<em>HTML&CSS</em>,我们都爱<strong><em>大前端</em></strong></p>
15  </body>
16  </html>
```

在例 4.15 中,将第 7 行代码中的 p 与 em 之间加了">"表示只选择直接嵌套的元素,即子元素;第 8 行代码使用 background-color 将背景颜色属性设置为黄色,如图 4.20 所示。

图 4.20 子选择器应用效果

4.5 CSS 的特性

CSS(层叠样式表)具有以下三大特性。

4.5.1 继承性

继承性指子元素可以直接继承父元素的样式。

在例 4.16 中,对<p>标记定义了文本字号为 24px、文本修饰为上画线样式,<p>的子元素<font>标记内部文本也会按照 24px、带上画线显示。同时,由于<font>标记还定义了

color="purple"，文本颜色还会显示为紫色，如图 4.21 所示。

例 4.16

```
1    <!DOCTYPE html>
2    < html >
3    < head >
4        < meta charset = "UTF-8">
5        <title>继承性</title>
6        < style type = "text/css">
7            p{
8                font-size: 24px;
9                text-decoration:overline;
10           }
11       </style >
12   </head >
13   < body >
14       < p >我是< font color = "purple">我是 font 标记的文本。</font >段落文本。</p>
15   </body >
16   </html >
```

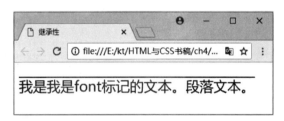

图 4.21　继承性效果

注意：
（1）像以 text-、font-、line 和 color-开头的属性都有继承性。
（2）< a >标记的颜色不能继承，必须对< a >标记本身进行设置。
（3）< h >标记的字体大小不能修改，必须对< h >标记本身进行设置。

4.5.2　层叠性

CSS 的层叠性主要体现在针对"冲突"的解决方案。

前面内容提到了 CSS 选择器可以分为简单选择器和复合选择器。试想如果使用不同的多个选择器选择相同的元素，且定义了相同的 CSS 属性为不同的值，那么元素样式该按照哪个样式规则的定义显示呢？这就是"冲突"。

在例 4.17 中，使用标记选择器 p 定义段落标记文本大小为 24px，文本水平方向居中对齐；使用类选择器 right 定义文本水平方向居右对齐。在第 17 行代码中的< p >标记使用class 属性应用了 right 类样式，定义的两个选择器都指向该元素，且 text-align 属性冲突。那么，文本到底该居中还是居右显示？

例 4.17

```
1    <!DOCTYPE html >
2    < html lang = "en">
3    < head >
4        < meta charset = "UTF-8">
5        < title >层叠性</title >
6        < style type = "text/css">
7            p{
8                font-size:24px;
9                text-align:center;
10           }
11           . right{
12               text-align:right;
13           }
14       </style >
15   </head >
16   < body >
17       < p class = "right">段落文本</p>
18   </body >
19   </html >
```

如图 4.22 所示,对于没有冲突的属性 font-size 按照标记选择器 p 定义的字号 24px,冲突属性 text-align 按照 right 类样式定义居右显示。

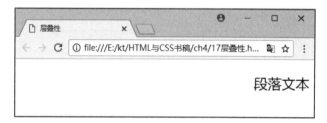

图 4.22　层叠效果

CSS 的层叠性是指,当多个选择器指向同一个元素时,选择器内定义的样式规则都会被应用到元素上;但是,对于"冲突"的属性,元素则会按照"优先级"关系进行显示。在例 4.17 中,类选择器的优先级大于标记选择器,因此最终显示类选择器定义的样式规则。那么,CSS 选择器的优先级情况是什么样的？将在下面的内容介绍。

4.5.3　优先级

CSS 选择器的优先级顺序如下:

!important>行内样式> id 选择器>类选择器>标记选择器>通配符>继承

1. ! important

当某些声明的重要性超过了其他所有声明,在样式声明结束的分号结束之前插入 ! important

来标记。

在例 4.18 中,将例 4.17 中的标记选择器 text-align 的定义加入! important,页面效果如图 4.23 所示。虽然类选择器的优先级大于标记选择器,但是由于! important 优先级最高,最终文本水平居中显示。

例 4.18

```
1    <!DOCTYPE html>
2    <html lang = "en">
3    <head>
4        <meta charset = "UTF-8">
5        <title> important </title>
6        <style type = "text/css">
7            p{
8                font-size:24px;
9                text-align:center ! important;
10           }
11           .right{
12               text-align: right;
13           }
14       </style>
15   </head>
16   <body>
17       <p class = "right">段落文本</p>
18   </body>
19   </html>
```

图 4.23　! important 优先级最高效果

2. 选择器权重的计算

有时候需要用不同的选择器为同一个元素定义样式规则,那么元素会按照哪一个选择器定义的样式规则显示呢？浏览器会依据权重大小来应用样式。权值规则如下所示:

标记选择器的权值为1,类选择器的权值为10,id 选择器的权值为100,继承的权值为0.1。

在例 4.19 中,同时定义了标记选择器 p、类选择器 green、id 选择器 blue,由于 id 选择器的权重最大,因此段落文本显示为蓝色。

例 4.19

```
1    <!DOCTYPE html>
2    <html lang = "en">
3    <head>
4        <meta charset = "UTF-8">
5        <title>权重值</title>
6        <style type = "text/css">
7            p{
8                color:red;
9            }
10           .green{
11               color:green;
12           }
13           #blue{
14               color:blue;
15           }
16       </style>
17   </head>
18   <body>
19       <p class = "green" id = "blue">我是什么颜色的?</p>
20   </body>
21   </html>
```

在制作网页时,使用更多的是复合选择器,选择器最终的权重是由它包含的各选择器的权值求和决定的,权值规则如下:

```
p{color:red;}                       /* 权值为 1 */
p span{color:green;}                /* 权值为 1 + 1 = 2 */
.warning{color:white;}              /* 权值为 10 */
p span.warning{color:purple;}       /* 权值为 1 + 1 + 10 = 12 */
#footer .note p{color:yellow;}      /* 权值为 100 + 10 + 1 = 111 */
```

3. 4 种 CSS 引入方式的优先级

CSS 样式表有 4 种引入方式:行内样式表、内嵌样式表、链接样式表、导入样式表。这 4 种样式优先级规则遵循就近原则。也就是说,内嵌、链接、导入在同一个 HTML 文件的头部,哪种引入方式离代码近,则哪种引入方式的优先级高。

例如,在同级目录下存在 style.css 和 index.html 文件,并在 style.css 文件中定义段落文本为红色,代码如下。

style.css

```
1    p{
2        color: red;
3    }
```

index. html

```
1    <!DOCTYPE html>
2    <html lang = "en">
3    <head>
4        <meta charset = "UTF-8">
5        <title>应用的样式冲突</title>
6        <link rel = "stylesheet" type = "text/css" href = "style.css">
7        <style type = "text/css">
8            p{
9                color:green;
10           }
11       </style>
12   </head>
13   <body>
14       <p>我是什么颜色?</p>
15   </body>
16   </html>
```

上述代码的结果为:文本显示绿色。将上面 index.html 文件中的第 6 行代码链入 CSS 样式文件,并移至</head>的结束标记之前。其文件修改如下:

index. html

```
1    <!DOCTYPE html>
2    <html lang = "en">
3    <head>
4        <meta charset = "UTF-8">
5        <title>应用的样式冲突</title>
6        <style type = "text/css">
7            p{
8                color:green;
9            }
10       </style>
11       <link rel = "stylesheet" type = "text/css" href = "style.css">
12   </head>
13   <body>
14       <p>我是什么颜色?</p>
15   </body>
16   </html>
```

此时,段落文本显示为红色。可见,<head>标记内的样式规则遵循"就近原则",哪个样式规则距离标记近,就应用哪个文件定义的样式。

给 index.html 中的<p>标记定义内部样式,具体如下:

index. html

```
1    <!DOCTYPE html>
2    <html lang = "en">
3    <head>
```

```
4          < meta charset = "UTF-8">
5          < title>应用的样式冲突</title>
6          < style type = "text/css">
7              p{
8                  color:green;
9              }
10         </style>
11         < link rel = "stylesheet" type = "text/css" href = "style.css">
12     </head>
13     < body>
14         < p style = "color:blue">我是什么颜色?</p>
15     </body>
16     </html>
```

index.html 中的段落文本显示为蓝色,因为行内样式表距离最近,级别最高。

4.6　应用案例

如果想实现如图 4.24 所示的图文排版样式,利用现有的知识该如何实现呢?

图 4.24　图文混排页面

在图 4.24 中,所有文本字号都是 12px,大部分文本颜色为灰色(♯333333);其中"华人记疫""人间指北""三更天"3 个栏目标题文本为"黑体",颜色为深蓝色(♯253e6d)。栏目标题"十三邀,带着……"使用图片实现,由于素材图像的分辨率为 444px×100px,需要按照高度为 40px 进行等比例缩放,定义类样式 titimgw 应用在该图像标记上,如例 4.20 所示。

例 4.20

```
1      <! DOCTYPE html>
2      < html lang = "en">
```

```
3      < head >
4          < meta charset = "UTF-8">
5          <title>类选择器的使用</title>
6          < style type = "text/css">
7              body{
8                  color: #333333;
9                  font-size: 12px;
10                 /* 定义显示的宽度 */
11                 width:356px;
12             }
13             .titimgw{
14                 height:40px;
15             }
16             .tf{
17                 font-family:"黑体";
18                 color: #253e6d;
19             }
20         </style>
21     </head>
22     < body >
23         < img class = "titimgw" src = "logo_ssy.png" alt = "">
24         < p >
25             < img align = "left" src = "himg.jpg" alt = "" hspace = "8px">
26             许知远从没用过淘宝 薇娅惊讶:你是从山里来的吗?
27         </p>
28         < br >< br >< br >< br >
29         < p >[现场]薇娅直播 10 分钟卖出 6500 份单向历 许知远惊掉了下巴</p>
30         < p >[趣闻]许知远一年四季爱穿人字拖:因为它自由啊</p>
31         < p >
32             < img src = "vedioicon.gif" alt = "">
33             < font class = "tf">华人记疫</font>|
34             伊朗:医护充足 物资设备依靠进口面临困境…
35         </p>
36         < p >
37             < img src = "vedioicon.gif" alt = "">
38             < font class = "tf">人间指北</font>|
39             西甲劲旅官宣全队 15 人确诊新冠病毒 7 名教…
40         </p>
41         < p >
42             < img src = "vedioicon.gif" alt = "">
43             < font class = "tf">三更天</font>|
44             武汉最美的不是樱花,是武汉人感恩的心
45         </p>
46     </body>
47 </html>
```

新闻图片和标题"许知远从没用过淘宝……"排版样式为字围效果,需设置图像标记属性的 align 值为 left。

第 5 章
CSS文本常用属性

本章学习目标

- 掌握 CSS 常用的文本样式和排版属性。
- 理解 CSS 伪类的概念及作用。
- 掌握利用 CSS 设置超链接的 4 种状态的方法。
- 了解其他伪类的用法。

在掌握了 CSS 的语法规则和应用方法之后,想要书写结构层和样式层分离的页面,就要掌握 CSS 的属性,本章将讲解 CSS 文本的常用属性。

5.1　文本属性

5.1.1　文本颜色

文本颜色(color)被用来设置文字的颜色,属性的取值方法如下。

(1) 十六进制值,如♯FF0000。

(2) RGB 值,如 RGB(255,0,0)。

(3) 颜色的名称,如 red。

如例 5.1 所示,分别使用以上 3 种方法为文本颜色进行赋值,结果页面中的所有一级标题为红色,六级标题为绿色,段落文本为蓝色。

例 5.1

```
1    <!DOCTYPE html>
2    <html lang = "en">
3    <head>
4        <meta charset = "UTF-8">
5        <title>文本颜色</title>
6        <style type = "text/css">
7            h1{
8                color:♯ff0000;
9            }
10           h6{
11               color:rgb(0,255,0);
```

```
12              }
13          p{
14              color:blue;
15          }
16      </style>
17  </head>
18  <body>
19      <h1>一级标题(红色)</h1>
20      <h6>六级标题(绿色)</h6>
21      <p>段落文本(蓝色)</p>
22  </body>
23  </html>
```

5.1.2 文本字体

font-family 用来设置文本字体。font-family 可以用逗号隔开多个字体名称。假如客户端不认识第 1 种字体,就自动切换到第 2 种字体,第 2 种字体不认识就切换到第 3 种,以此类推。如果所有列出的字体都不认识,就使用默认字体显示。

body{font-family:"Helvetica Neue", Helvetica, Arial,"Microsoft Yahei","Hiragino Sans GB", "Heiti SC","WenQuanYi Micro Hei",sans-serif}

如上例所示,定义了多个字体,一般将中文字体写在英文字体后面。因为英文字体只能渲染英文、数字和一些特殊符号,当遇到中文文本时,会向后寻找中文字体。

Web 页面中,常用的中文字体有宋体、微软雅黑、华文细黑(Mac OS 中);常用的英文字体有 Tahaoma、Helvetica、Arial、sans-serif。其中,Tahaoma 和 Arial 分别用于早期 Windows 和现在 Windows 系统;Helvetica 用于 Mac OS;sans-serif 用于 Linux 系统。

字体文件存储于计算机磁盘中的 C:/window/fonts 位置。

5.1.3 文本字号

文本字号(font-size)属性可能的取值形式如表 5.1 所示。

表 5.1 font-size 属性可能的取值形式

值	描 述
length(常用)	把 font-size 设置成一个固定的值。如 14px、16px
%	把 font-size 设置为基于父元素的一个百分比值
xx-small	
x-small	
small	把字体尺寸设置为不同的尺寸,从 xx-small 到 xx-large。
medium	默认值: medium
large	
x-large	
xx-large	

值	描　述
smaller	把 font-size 设置为比父元素更小的尺寸
larger	把 font-size 设置为比父元素更大的尺寸
inherit	规定从父元素继承字体大小

如例 5.2 所示,将段落文本字号设置为 12px。

例 5.2

```
1    <!DOCTYPE html>
2    <html lang = "en">
3    <head>
4        <meta charset = "UTF-8">
5        <title>文本字号</title>
6        <style type = "text/css">
7            p{
8                font-size:12px;
9            }
10       </style>
11   </head>
12   <body>
13       <p>段落一</p>
14       <p>段落二</p>
15       <p>段落三</p>
16   </body>
17   </html>
```

5.1.4　字体风格

字体风格(font-style)属性用于将字体设置为斜体、倾斜体或正常字体。该属性可能的取值如表 5.2 所示。

表 5.2　font-style 属性可能的取值

值	描　述
normal	默认值。浏览器显示标准字体样式
italic	浏览器显示斜体字体样式
oblique	浏览器显示倾斜字体样式
inherit	从父元素继承字体样式

如例 5.3 所示,分别为段落文本定义了普通样式、斜体样式和倾斜体样式,效果如图 5.1 所示。

例 5.3

```
1    <!DOCTYPE html>
2    <html lang = "en">
3    <head>
4        <meta charset = "UTF-8">
5        <title>文本风格</title>
6        <style type = "text/css">
7            p.normal {font-style:normal}
8            p.italic {font-style:italic}
9            p.oblique {font-style:oblique}
10       </style>
11   </head>
12   <body>
13       <p class = "normal">段落一</p>
14       <p class = "italic">段落二</p>
15       <p class = "oblique">段落三</p>
16   </body>
17   </html>
```

图 5.1　font-style 属性正常样式、斜体样式
和倾斜体样式效果

5.1.5　小型大写字母

设置小型大写字母(font-variant)的字体显示文本时,所有的小写字母均会被转换为大写字母。但是,小型的大写文本与其余文本相比,字体尺寸更小。这个属性可能的取值如表 5.3 所示。

表 5.3　font-variant 属性可能的取值

值	描　　　述
normal	默认值。显示标准字体
small-caps	显示小型大写字母的字体
inherit	从父元素继承属性值

如例 5.4 所示,分别为两个段落设置了不同的字母显示形式,效果如图 5.2 所示。

例 5.4

```
1    <!DOCTYPE html>
2    <html lang="en">
3    <head>
4        <meta charset="UTF-8">
5        <title>小型大写字母</title>
6        <style type="text/css">
7            p.noraml{
8                font-variant:normal;
9            }
10           p.small{
11               font-variant:small-caps;
12           }
13       </style>
14   </head>
15   <body>
16       <p class="normal">This is a paragraph.</p>
17       <p class="small">This is a paragraph.</p>
18   </body>
19   </html>
```

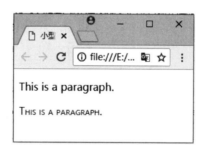

图 5.2　小型大写字母和正常英文字体对比

5.1.6　文本粗细

文本粗细(font-weight)用来设置文本显示的粗细,可能的取值如表 5.4 所示。

表 5.4　font-weight 属性可能的取值

值	描述
normal	默认值。显示标准字符样式
bold	粗体字符
bolder	更粗体字符
lighter	更细体字符

续表

值	描 述
100	
200	
300	
400	
500	由细到粗的字符。其中,400 等同于 normal,700 等同于 bold
600	
700	
800	
900	
inherit	从父元素继承字体粗细

如例 5.5 所示,分别为段落文本定义了正常粗细字体、粗体和细体,显示效果如图 5.3 所示。

例 5.5

```
1    <!DOCTYPE html>
2    <html lang = "en">
3    <head>
4        <meta charset = "UTF-8">
5        <title>文本粗细</title>
6        <style type = "text/css">
7            p.normal{
8                font-weight:normal;
9            }
10           p.cu{
11               font-weight: bold;
12           }
13           p.xi{
14               font-weight: lighter;
15           }
16       </style>
17   </head>
18   <body>
19       <p class = "normal">段落文本,正常粗细</p>
20       <p class = "cu">段落文本,粗体</p>
21       <p class = "xi">段落文本,细体</p>
22   </body>
23   </html>
```

图 5.3 不同文本粗细效果对比

5.1.7　行高

用于设置行间的距离,即行高(line-height),不允许为负值。行高属性可能的取值如表 5.5 所示。

表 5.5　line-height 属性可能的取值

值	描　　述
normal	默认值。设置合理的行间距
number	数字,用此数字与当前的字体尺寸相乘来设置行间距
length	设置固定行距
%	基于当前字体尺寸的百分比行距
inherit	从父元素继承值

如例 5.6 所示,分别使用固定像素值、百分比和数值的形式设置了行距,效果如图 5.4 所示。

例 5.6

```
1    <!DOCTYPE html>
2    < html lang = "en">
3    < head >
4        < meta charset = "UTF-8">
5        < title >行距</title>
6        < style type = "text/css">
7            p.big{line-height: 35px;}
8            p.small{line-height: 15px;}
9            p.persents{line-height: 200 % ;}
10           p.number{line-height: 2;}
11       </style>
12   </head>
13   < body >
14       <p>这是默认行高< br >多数浏览器的默认行高为 20px < br >认行高段落 < br >默认行高
         段落 < br >
15       </p>
16       < p class = "big">这是段落 35 像素行高< br >这个段落文本行高较大 < br >这个段落文本
         行高较大 < br >
17       </p>
18       < p class = "small">这是段落 15 像素行高< br >这个段落文本行高较小 < br >这个段落文
         本行高较小 < br >
19       </p>
20       < p class = "persents">这是段落 200 % 行高< br >这个段落文本行高较大 < br >这个段落
         文本行高较大 < br >
21       </p>
22       < p class = "number">这是段落 2 倍字号行高< br >这个段落文本行高较大 < br >这个段落
         文本行高较大 < br >
23       </p>
24   </body>
25   </html>
```

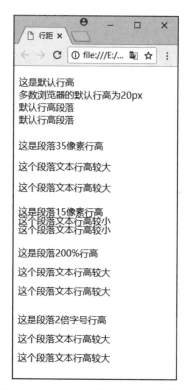

图 5.4　line-height 设置不同值的效果

注意：line-height 与 font-size 之间的差值（即行间距）分为两半，分别加到一个文本行内容的顶部和底部，包含这些内容的最小框就是行框。

5.1.8　font 综合设置属性

font 综合设置属性在一个声明中设置所有字体的属性，其语法格式如下：

font: font-style font-variant font-weight font-size/line-height font-family

在 CSS 中，属性值可以拆分成多个属性表示的称为复合属性，如下所示。

```
font: 13px/22px Arial, Helvetica, sans-serif;
```

上述示例就是使用 font 复合属性同时设置了字号、行高和字体。字号和行高属性值之间有个斜杠，等同于下面的代码。

```
font-size:13px;
line-height:22px;
font-family:Arial, Helvetica, sans-serif;
```

在使用 font 综合设置属性时，不需要设置的属性可以省略（取默认值）。但是，必须保留 font-size 和 font-family 属性，否则 font 属性将不起作用。

5.1.9 文本对齐

文本对齐(text-align)属性设置元素中文本的水平对齐方式,该可能的取值如表5.6所示。

表 5.6 text-align 属性可能的取值

值	描 述	值	描 述
left	左对齐,默认值	center	居中
right	右对齐	justify	两端对齐

如例5.7所示,设置段落文本的3种对齐方式,效果如图5.5所示。

例 5.7

```
1    <! DOCTYPE html >
2    < html lang = "en">
3    < head >
4        < meta charset = "UTF-8">
5        < title >水平对齐方式</title >
6        < style type = "text/css">
7            p.right{text-align: right;}
8            p.center{text-align: center;}
9            p.left{text-align: left;}
10       </style >
11   </head >
12   < body >
13       <p>默认对齐方式文本</p>
14       < p class = "left">设置了左对齐文本</p>
15       < p class = "right">设置了右对齐文本</p>
16       < p class = "center">设置了居中对齐文本</p>
17   </body >
18   </html >
```

在例5.7中,第13行代码未设置text-align属性与第14行代码设置的text-align值为left对齐方式效果相同,可见默认的水平对齐方式为左对齐。

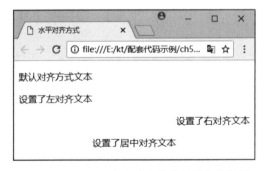

图 5.5 text-align 水平对齐方式不同值的效果

5.1.10　文本装饰

文本装饰(text-decoration)属性规定添加到文本的修饰,如上画线、下画线和中画线等, 可能的取值如表5.7所示。

表 5.7　text-decoration 属性可能的取值

值	描　述	值	描　述
none	标准文本,默认值	overline	带上画线
underline	带下画线	line-through	带中画线

在例5.8中,分别为3个三级标题定义了文本装饰为带下画线、带上画线、带中画线,效 果如图5.6所示。

例 5.8

```
1    <!DOCTYPE html >
2    < html lang = "en">
3    < head >
4        < meta charset = "UTF-8">
5        <title>文本装饰</title>
6        < style type = "text/css">
7            h3.unline{text-decoration: underline;}
8            h3.upline{text-decoration: overline;}
9            h3.cenline{text-decoration: line-through;}
10       </style >
11   </head >
12   < body >
13       < h3 >标准文本</h3 >
14       < h3 class = "unline">带下画线文本</h3 >
15       < h3 class = "upline">带上画线文本</h3 >
16       < h3 class = "cenline">带中画线文本</h3 >
17   </body >
18   </html >
```

图 5.6　text-decoration 不同属性值效果

5.1.11 文本缩进

文本缩进(text-indent)属性定义文本块中首行文本的缩进。该属性值允许为负值。如果为负值,则首行会被缩进到左边。该属性可能的取值如表 5.8 所示。

表 5.8 text-indent 属性可能的取值

值	描 述
length	固定的缩进。默认值为 0
%	基于父元素百分比缩进

在中文段落排版中,一般设置文字首行缩进两个中文字符。如例 5.9 所示,定义了段落标记缩进值为 2em。由于采用了 em 为单位,左缩进 2 倍字号大小,达到缩进两个字符的效果,如图 5.7 所示。注意:在段落的第 1 行会缩进,而换行之后的行不会缩进。

例 5.9

```
1    <!DOCTYPE html>
2    <html lang = "en">
3    <head>
4        <meta charset = "UTF-8">
5        <title>段落缩进</title>
6        <style type = "text/css">
7            p{text-indent: 2em;}
8        </style>
9    </head>
10   <body>
11       <p>这是第一个段落<br>第一个段落换行之后的文本<br>第一个段落再换行之后的文
         本</p>
12       <p>这是第二个段落<br>第二个段落换行之后的文本<br>第二个段落再换行之后的文
         本</p>
13   </body>
14   </html>
```

图 5.7 text-indent 设置首行缩进两个字符效果

5.1.12 字间隔

字间隔(word-spacing)属性定义元素中字之间插入多少空白符。"字"指的是由空白符包围的一个字符串,取值可以为正值或负值,0 等同于取值为 normal。

如例 5.10 所示,分别为两个段落定义了宽松的字间隔和紧凑的字间隔。从图 5.8 可以看出,当 word-spacing 取值为正时,字间隔较为宽松;当 word-spacing 取值为负时,字间隔紧凑甚至缩在一起。

例 5.10

```
1    <!DOCTYPE html>
2    < html lang = "en">
3    < head >
4        < meta charset = "UTF-8">
5        < title >字间距</title>
6        < style type = "text/css">
7            p. big{word-spacing: 40px;}
8            p. small{word-spacing: -1em;}
9        </style>
10   </head>
11   < body >
12       < p class = "big"> This is some text.</p>
13       < p class = "small"> This is some text.</p>
14   </body>
15   </html>
```

图 5.8 **word-spacing** 设置正值、负值效果

5.1.13 字母间隔

字母间隔(letter-spacing)属性修改的是字母之间的间隔,取值可为正值、负值或 normal(0)。取值可使字母之间的间隔增加或减少指定的值。

如例 5.11 所示,定义了两个四级标题的字母间隔,取正值时字母间隔稀疏,取负值时紧凑在一起甚至文本显示不全,效果如图 5.9 所示。

例 5.11

```
1    <!DOCTYPE html >
2    < html lang = "en">
3    < head >
4        < meta charset = "UTF-8">
5        <title>字母间隔</title >
6        < style type = "text/css">
7            h4.big{letter-spacing: 16px;}
8            h4.small{letter-spacing: -1em;}
9        </style >
10   </head >
11   < body >
12       < h4 class = "big"> This is the header 4.</h4 >
13       < h4 class = "small"> This is the header 4.</h4 >
14   </body >
15   </html >
```

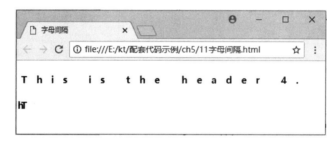

图 5.9　letter-spacing 设置正值和负值时的效果

5.1.14　处理空白符

　　处理空白符(white-space)属性设置布局过程中如何处理元素内的空白。在编辑代码时,会手动输入空格、换行等;在浏览器渲染页面时,默认情况会合并手动输入的空格,对于按 Enter 键输入的换行则忽略,但是可以识别< br >标记进行换行,且内容会根据容器大小在边界换行。white-space 属性可能的取值及处理这些情况的方法如表 5.9 所示。

表 5.9　white-space 属性可能的取值及处理这些情况的方法

值	源 码 空 格	源 码 换 行	< br >换行	容器边界换行
normal	合并	忽略	换行	换行
pre	保留	换行	换行	不换行
nowrap	合并	忽略	换行	不换行
pre-wrap	保留	换行	换行	换行
pre-line	合并	换行	换行	换行

　　white-space 属性会导致文本排版形式的变化,经常与 overflow 属性一起使用。

　　在例 5.12 中,从第 7 行代码开始,定义< p >标记宽度为 100px,overflow:hidden 表示将超出定义大小的内容隐藏;第 11 行代码中 text-overflow:ellipsis 表示溢出的文本将被截断并添加省略号,效果如图 5.10 所示。

例 5.12

```
1    <!DOCTYPE html>
2    <html lang = "en">
3    <head>
4        <meta charset = "UTF-8">
5        <title>文本溢出显示省略号</title>
6        <style>
7            p{
8                width:100px;
9                overflow: hidden;
10               white-space:nowrap;
11               text-overflow: ellipsis;
12           }
13       </style>
14   </head>
15   <body>
16       <p>前端开发订阅号专注前端开发和技术分享,如果描述超过 100 像素,则会隐藏,添加省
         略号</p>
17   </body>
18   </html>
```

图 5.10　溢出文本显示省略号效果

5.2　应用案例

制作如图 5.11 所示的页面效果,其代码如例 5.13 所示。

图 5.11　文字排版效果

其中，发布日期之前的“0.775”为红色，之后的发布信息为比标题和正文浅些的灰色；在段落正文“空白折叠现象……”“文档流指的是元素……”中行距为 1.5em，还有个别词组需要加粗显示。

例 5.13

```
1    <!DOCTYPE html >
2    < html lang = "en">
3    < head >
4        < meta charset = "UTF-8">
5        < title > CSS 标准文档流-EASY BOOK </title >
6        < style type = "text/css">
7            h1{
8                color: #404040;
9                font-size:30px;
10               font-weight:700;
11           }
12           h1,p{
13               color: #404040;
14           }
15           p img. author{
16               width:44px;
17               height:44px;
18           }
19           p. info{
20               color: #969696;
21               font-size: 12px;
22               line-height: 0.1em;
23           }
24           . red{
25               color:red;
26           }
27           . tit1{
28               line-height: 1.5em;
29           }
30           . content{
31               line-height: 1.5em;
32           }
33           . bold{
34               font-weight: bold;
35           }
36       </style >
37   </head >
38   < body >
39       < h1 > CSS 标准文档流</h1 >
40       < p >
41           < img src = "images/iconh. jpg" alt = "" align = "left" hspace = "8px"   class = "author">
42           天天向上
```

```
43              < img src = "images/attention.jpg" alt = "">
44          </p>
45          < p class = "info">
46          < img src = "images/diamond.gif" alt = "">
47                  < font class = "red"> 0.775 </font>
48                  2018.05.29  16:17:50  字数 920 
49          阅读 7,007
50          </p>
51          < h1 class = "tit1">1.标准文档流</h1>
52          < hr >
53          < p class = "content">
54          <!-- 使用 span 标记本身不会改变文本任何样式 -->
55          <span class = "bold">空白折叠</span>现象。< span class = "bold">高矮不齐,底边对
                齐;自动换行</span>,一行写不完时,换行写.
56          </p>
57          < h1 class = "tit1">2. 标准流的微观现象: </h1>
58          < hr >
59          < p class = "content">
60          <!-- 使用 span 标记本身不会改变文本任何样式 -->
61              <span class = "bold">文档流</span>指的是元素排版布局过程中,元素会默认自动
                < span class = "bold">从左往右,从上往下</span>的流式排列方式。并最终< span
                class = "bold">窗体自上而下分成一行行</span>,并在每行中从左至右的顺序排放
                元素。
62          </p>
63              原文链接: https://www.jianshu.com/p/4921ba9e101d
64      </body>
65  </html>
```

例 5.13 中,"CSS 标准文档流"用< h1 >标记实现,没有采用< h1 >标记默认的文本粗细,而是定义了值为 700。

5.3 超链接及 CSS 伪类选择器

CSS 伪类用来给某些选择器添加特殊效果。

5.3.1 锚伪类——超链接的 4 种状态

超链接< a >元素有 4 种不同的状态,在 CSS 中可以分别设置如下。

（1）a:link 未访问的超链接(未被访问状态:鼠标未被点击)。

（2）a:visited 已访问的超链接(已被访问状态:鼠标已被点击过)。

（3）a:hover 鼠标指针滑过超链接(鼠标指针悬停状态:鼠标指针位于链接上)。

（4）a:active 已选中的超链接(活动状态:鼠标按下的时候)。

如例 5.14 所示,未访问过的超链接文本"百度"显示为红色,访问过的超链接文本颜色为绿色,将鼠标指针移动到超链接文本上颜色为洋红,鼠标在超链接文本按下的时候文本显示为蓝色。

例 5.14

```
1    <! DOCTYPE html >
2    < html >
3    < head >
4        < meta charset = "UTF-8">
5        <title>超链接的 4 种状态</title>
6        < style type = "text/css">
7            a:link{color:#f00;}/ * 红色 * /
8            a:visited{color:#0f0;}/ * 绿色 * /
9            a:hover{color:#f0f;}/ * 洋红 * /
10           a:active{color:#00f;}/ * 蓝色 * /
11       </style >
12   </head >
13   < body >
14       < a href = "http://www.baidu.com">百度</a>
15   </body >
16   </html >
```

注意：a:hover 的定义必须位于 a:link 和 a:visited 之后才能生效；a:active 必须位于 a:hover 之后才能生效。

伪类可以与 CSS 的选择器配合使用，如例 5.15 所示。

例 5.15

```
1    <! DOCTYPE html >
2    < html >
3    < head >
4        < meta charset = "UTF-8">
5        <title>伪类与其他选择器配合</title>
6        < style type = "text/css">
7            a.noline:link{
8                text-decoration: none;
9            }
10       </style >
11   </head >
12   < body >
13       < a href = "http://www.baidu.com">普通超链接</a>
14       < br/>
15       < a class = "noline" href = "http://www.sina.com.cn">使用 noline 类样式的超链接</a>
16   </body >
17   </html >
```

图 5.12　伪类与类选择器配合
　　使用的效果

只有使用了 noline 类样式的< a >标记才没有下画线，效果如图 5.12 所示。

如果想制作如图 5.13 所示仿百度搜索结果页面。大标题的超链接访问过与未访问过的显示颜色不同，且这两种样式中的关键字都显示红色；站点名称的文本样式也不同。具体代码如例 5.16 所示。

94

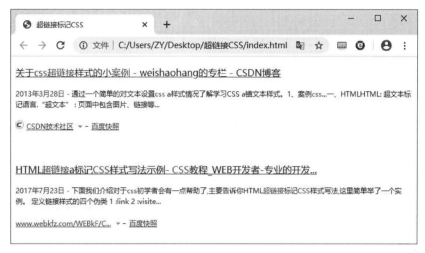

图 5.13 仿百度搜索结果页面

注意：搜索关键字标红显示，与所在标记文本颜色不同，将这类文本嵌套在< em >等这样的标记中；再应用定义好的类样式，如例 5.16 中第 7～10 行代码和第 34、35 行代码所示。制作类似效果的时候也可以用< span >和< strong >等类似的行内标记(详见本书 6.1.2 节)。

例 5.16

```
1    <! DOCTYPE html >
2    < html lang = "en">
3    < head >
4        < meta charset = "UTF-8">
5        < title>超链接标记 CSS </title>
6        < style type = "text/css">
7            a em,p em{
8                color:red;
9                font-style: normal;
10           }
11           p.des{
12               color:#333;
13               font:12px/1.5em "Microsoft Yahei";
14               //微软雅黑字体
15           }
16           .date{
17               color:#666;
18           }
19           .icon{
20               width:14px;
21           }
22           .website{
23               color:green;
24               font-size: 12px;
```

```
25              }
26          a.m:visited,a.m:link{
27              font-size:12px;
28              color:#666;
29          }
30      </style>
31  </head>
32  <body>
33      <p>
34          <a href="#">关于<em>css超链接</em>样式的小<em>案例</em>-weishaohang的
                专栏-CSDN博客
35          </a>
36      </p>
37      <p class="des">
38      <!--span标记本身不会产生任何样式上的变化-->
39          <span class="date">2013年3月28日 -</span>通过一个简单的对文本设置<em>
                css</em>a样式情况了解学习CSS a锚文本样式。1、案例<em>css</em>...一、
                HTMLHTML:超文本标记语言."超文本":页面中包含图片、链接等...
40      </p>
41      <p>
42          <img src="csdn.jpeg" alt="" class="icon">
43          <a class="website" href="#">CSDN技术社区</a>
44          <img src="down.gif" alt="">-
45          <a href="#" class="m">百度快照</a>
46      </p>
47      <p> </p>
48      <p>
49          <a href="#123">HTML<em>超链接</em>a标记<em>CSS</em>样式写法示例-
                <em>CSS</em>教程_Web开发者-专业的开发...
50          </a>
51      </p>
52      <p class="des">
53      <!-- span标记本身不会产生任何样式上的变化 -->
54          <span class="date">2017年7月23日 -</span>下面我们介绍对于<em>css</em>
                初学者会有一点帮助了,主要告诉你HTML<em>超链接</em>标记<em>CSS</em>样
                式写法,这里简单举了一个实例。定义链接样式的四个伪类1 :link 2 :visite...
55      </p>
56      <p>
57          <a class="website" href="#">www.webkfz.com/WEBkF/C...</a>
58          <img src="down.gif" alt="">-
59          <a href="#" class="m">百度快照</a>
60      </p>
61  </body>
62  </html>
```

5.3.2　其他伪类

在 CSS2 之前的版本中,定义的伪类如表 5.10 所示。

表 5.10　CSS2 之前版本定义的伪类

属　　性	描　　述	CSS 版本
:link	向未被访问的超链接添加样式	1
:visited	向被访问过的超链接添加样式	1
:hover	当鼠标指针悬停在元素上方时,向元素添加样式	1
:active	向被激活的元素添加样式	1
:focus	向拥有键盘输入焦点的元素添加样式	2
:first-child	向元素的第一个子元素添加样式	2
:lang	向带有指定 lang 属性的元素添加样式	2

如例 5.17 所示,演示了:first-child 使用效果。p>em:first-child 表示选择<p>标记的第 1 个<em>元素。

例 5.17

```
1    <!DOCTYPE html>
2    <html>
3    <head>
4        <meta charset="UTF-8">
5        <title>firstchild 用法</title>
6        <style type="text/css">
7            p>em:first-child{
8                font-weight: bold;
9            }
10       </style>
11   </head>
12   <body>
13       <p><em>:hover"悬停"</em>: 鼠标<em>放到标记上</em>的时候。</p>
14       <p><em>:active"激活"</em>: 鼠标<em>单击标记,但是不松开</em>鼠标。</p>
15   </body>
16   </html>
```

在例 5.17 中,第 8 行代码 font-weight 是字体粗细属性,bold 表示粗体。由于选择器只选中了<p>标记中的第 1 个<em>标记,只有第 1 对<em>标记内文本加粗显示,效果如图 5.14 所示。

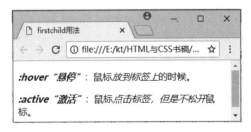

图 5.14　使用 em:first-child 选择第 1 个<em>子元素

第 6 章
盒子模型

本章学习目标
- 理解块元素和行内元素的概念。
- 掌握< div >与< span >标记的用法。
- 理解网页制作中盒子模型的概念和作用。
- 掌握盒子模型中 3 个重要属性 margin、border 和 padding。
- 掌握设置背景的属性 background 及其分属性 background-color、background-position、background-size、background-repeat、background-origin、background-clip、background-attachment 和 background-image 的用法。

6.1　概念

　　CSS 在描述 HTML 元素时,会形成一个矩形框,可以将矩形看作一个盒子。每个 HTML 元素都是一个盒子模型。

　　在介绍盒子模型之前,先来了解 HTML 元素的类型。HTML 提供了丰富的标记组织页面结构,HTML 标记一般可以分为两类,分别是块元素和行内元素。

6.1.1　块元素

1. 概念

　　块元素在浏览器显示时,通常会以新行来开始和结束。块元素可以对其设置宽度、高度、对齐等属性用作页面布局。需要注意的是:块级元素即使设置了宽度属性,也是独占一行,它的宽度默认是它父级元素的 100%。

　　常见的块元素有< h1 >~< h6 >、< p >、< div >、< ul >、< ol >、< li >等,其中< div >是典型的块元素。

2. < div >标记

　　< div >标记可以定义文档中的分区或节。它可以把文档分隔为独立的、不同的部分。
　　< div >标记是常用的网页布局标记,可以将< div >与</ div >之间看作一个容器,标题、

段落、表格、图像等各种网页元素都可以放在容器内部。

<div>是一个块元素,浏览器在渲染页面时会在<div>元素的前后放置一个换行符,如例6.1所示。

例6.1

```
1    <!DOCTYPE html >
2    < html lang = "en">
3    < head >
4        < meta charset = "UTF-8">
5        <title>典型块元素 DIV </title>
6    </head>
7    < body >
8        我没有在任何标记内。我在上一句话的后边显示。
9        <div>我写在第一对 div 标记内部。</div>
10       <div>我写在第二对 div 的内部</div>
11       < div >
12           < div > 1 </div>
13           < div > 2 </div>
14       </div >
15   </body >
16   </html>
```

<div>是块元素,非特殊情况下每个<div>标记都会独自占一行显示。由于第9行和第10行代码都是<div>标记,无论文本内容是否能够占满页面的宽度(一行),这两行文本都是独自占一行显示。第12行和第13行代码嵌套在一对<div>标记内,但它们的内容也是独自占一行显示的。从页面的展示效果上来说,和单独写<div>标记没有太大差异,页面效果如图6.1所示。

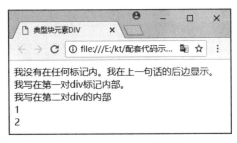

图6.1　<div>标记前后产生换行效果

6.1.2　行内元素

1. 概念

行内元素在浏览器显示时,只占据它对应内容的宽度。也就是说,一个行内元素通常会和它前后其他的行内元素显示在同一行中,它们不占有独立的区域,仅靠自身的字体大小和图像尺寸来支撑结构。行内元素一般不可以设置宽度、高度、对齐等属性,常用于控制文本样式。

常见的行内元素有<strong>、<b>、<em>、<i>、<a>、<span>等,其中<span>是典型的行内元素。

2. <span>标记

<span>标记被用来组合文档中的行内元素。

<span>标记常用于定义网页中某些特殊显示的文本,配合 class 属性使用,其本身没有样式上的表现。

在例 6.2 中,不对<span>标记应用样式,<span>元素内的文本与其外部文本没有任何视觉上的差异,添加<span>元素也不会对排版格式产生影响,但是却增加了额外的结构,如图 6.2 所示。

例 6.2

```
1    <!DOCTYPE html>
2    < html lang = "en">
3    < head >
4        < meta charset = "UTF-8">
5        <title>典型行内元素 span</title>
6    </head>
7    < body >
8        < span > span 标记内</span > span 标记外的文本。
9    </body>
10   </html>
```

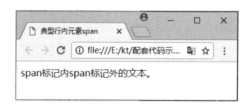

图 6.2　添加<span>标记的效果

6.2　认识盒模型

网页中的盒子模型类似于生活中的盒子(放东西的箱子),日常生活中所见的盒子是一种能放东西的箱子。在网页制作中,通过盒子来盛放各种元素,实现网页的排版与布局。

在 HTML 中,每个文档元素在浏览器渲染成页面时都会生成一个矩形框(看作盒子),它描述了一个元素在文档布局中所占的空间大小。盒模型(box model)是用来表示每个元素盒子所占用空间大小的模型。

每个盒子都有内容区(content area)(如文本、图片等)、内边距(padding)、边框(border)、外边距(margin)区域。如图 6.3 所示,展示了 padding、border、padding 的概念。

如快递包装盒,内容区域就是快递纸盒内盛放的易碎品(如花瓶),物品本身有宽度

（width）和高度（height），内边距（padding）就是防止易碎品破损纸盒内的填充物，边框（border）就是纸盒的厚度，如果有多个快递盒子放在一起，外边距（margin）就是一个纸盒（box）与另一个纸盒的距离。综上所述，在 CSS 中主要通过以下四部分来描述。

（1）内容区域是包含真实内容（如文字、图片等）的区域。

（2）内边距是内容到边框之间的距离。

（3）边框指边框的厚度。

（4）外边距指从边框到其他盒子之间的距离。

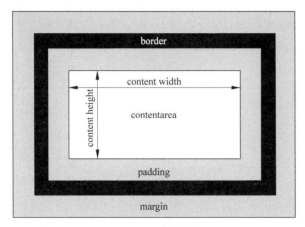

图 6.3 盒模型

在例 6.3 中，通过 CSS 属性分别为第 17 行代码的<div>元素设置了背景颜色、宽度、边框（30px 的绿色实线）、内边距、外边距 5 个属性，形成的页面效果如图 6.4 所示。

例 6.3

```
1    <!DOCTYPE html>
2    < html lang = "en">
3    < head >
4        < meta charset = "UTF-8">
5        <title>盒模型</title>
6        < style >
7        div {
8            background-color: lightgrey;
9            width: 350px;
10           border: 30px solid green;
11           padding: 35px;
12           margin: 40px;
13       }
14       </style >
15   </head >
16   < body >
17       <div>这里是盒子内的实际内容。有 35px 内边距、40px 外边距、30px 绿色边框。</div>
18   </body>
19   </html>
```

101

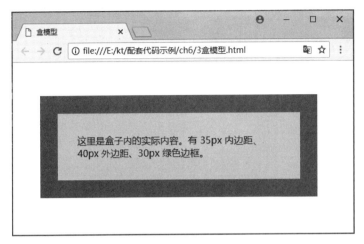

图 6.4　设置盒子的边框、内边距、外边距效果

需要注意的是：不仅是块元素具有盒子模型，行内元素同样具有盒子模型。但是，行内元素与块元素有如下不同。

（1）行内元素的 padding-top、padding-bottom、margin-top、margin-bottom 设置无效。

（2）行内元素的 padding-left、padding-right、margin-left、margin-bottom 设置有效。

（3）行内元素的 padding-top、padding-bottom 从显示效果上是增加的，但实际是无效的，不会对其周围的元素产生任何影响。

6.3　盒子的基本 CSS 属性

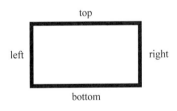

图 6.5　盒模型的四个方向

盒子所占的空间大小需要宽度、高度、内边距、边框、外边距五大属性。除了宽度和高度以外，内边距、边框和外边距属性都是由 4 条边组成的，且可以针对每个方向单独设置属性，也可以简写。在具体讲述这些属性之前，先了解盒模型的 4 条边，分别为上、右、下、左，在 CSS 中使用关键字 top、right、bottom、left 表示，如图 6.5 所示。

6.3.1　外边距

首先，可以单独给每个方向设置各自的外边距值，分别对应下面 4 个属性。

（1）margin-top：上外边距。

（2）margin-right：右外边距。

（3）margin-bottom：下外边距。

（4）margin-left：左外边距。

在例 6.4 中，分别使用外边距 4 个方向的属性单独设置了 4 个方向的外边距值，效果如图 6.6 所示。

例 6.4

```
1    <!DOCTYPE html>
2    <html lang = "en">
3    <head>
4        <meta charset = "UTF-8">
5        <title>margin 的 4 个方向分属性</title>
6        <style type = "text/css">
7            .box1{
8                margin-top:10px;
9                margin-right:20px;
10               margin-bottom:30px;
11               margin-left:40px;
12           }
13       </style>
14   </head>
15   <body>
16       <div class = "box1">box1 内部文本</div>
17   </body>
18   </html>
```

在图 6.6 中,由于<body>标记中只有一个<div>元素,无法看出该<div>元素与其他元素的外边距,因此可以采用浏览器测试的方法。

在谷歌浏览器中,按 F12 键,或在页面空白区域右击,在弹出的快捷菜单中选择"检查"命令,出现如图 6.7 中右侧窗口,在右侧可以看到页面源码、应用的 CSS 样式等信息。单击源码部分的<div>标记,在下边盒子模型示意图(如图 6.8)中可以看到,盒子模型 4 个方向的外边

图 6.6 设置 4 个方向外边距的效果

距、边框宽度、内边距,该例中 4 个方向的值正是 10px、20px、30px、40px。通过谷歌浏览器的 F12 键功能可以进行前端页面的调测。

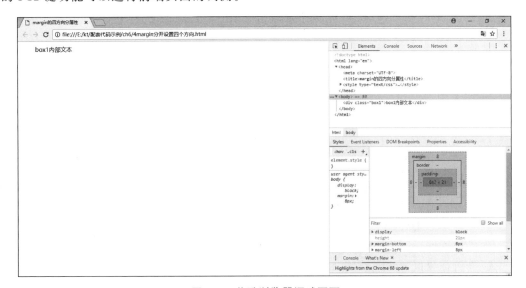

图 6.7 谷歌浏览器调试页面

103

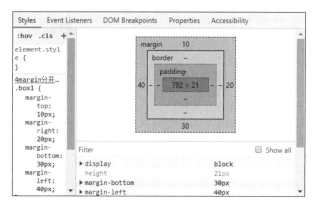

图 6.8　谷歌浏览器调试窗口部分截图

在例 6.4 中,如果外边距的 4 个方向上都有值怎么办? 外边距简写属性可以在一条声明中设置所有的外边距属性。该属性可以设置 1~4 个值,如例 6.5 所示。

例 6.5

```
1    <!DOCTYPE html >
2    < html lang = "en">
3    < head >
4        < meta charset = "UTF-8">
5        < title > margin 取 1 到 4 个值</title >
6        < style typed = "text/css">
7            .box1{border:5px solid black;margin:10px;}
8            .box2{border:5px solid black;margin:10px 20px;}
9            .box3{border:5px solid black;margin:10px 20px 30px;}
10           .box4{border:5px solid black;margin:10px 20px 30px 40px;}
11       </style >
12   </head >
13   < body >
14       < div class = "box1"> box1 的 margin 属性设置 1 个值 10px </div >
15       < div class = "box2"> box2 的 margin 属性设置 2 个值分别为 10px 和 20px </div >
16       < div class = "box3"> box3 的 margin 属性设置 3 个值分别为 10px、20px 和 30px </div >
17       < div class = "box4"> box4 的 margin 属性设置 4 个值分别为 10px、20px、30px 和 40px
     </div >
18   </body >
19   </html >
```

在例 6.5 中,对 4 个<div>都使用 border:5px solid black 设置了 5px、实线、黑色的边框样式,从图 6.9 可以看出,上下外边距确实存在,因为盒子的边框没有挨在一起显示。

在谷歌浏览器的测试窗口中,可以看到 4 个盒子的外边距情况如图 6.10 所示。

综上所述,外边距属性取 1~4 个值的情况如下。

(1) 外边距取值为 1 个值,如 margin:Npx;表示 4 个方向都是 N 像素的外边距。

(2) 外边距取值为 2 个值,如 margin:Xpx Ypx;表示上下为 X 像素的外边距,左右为 Y 像素的外边距。

图 6.9　设置 margin 外边距效果

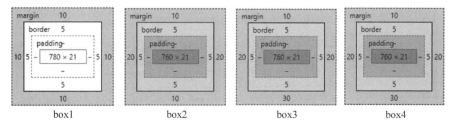

图 6.10　谷歌浏览器测试窗口截图

（3）外边距取值为 3 个值，如 margin：Xpx Ypx Zpx；表示上外边距为 X 像素，左右为 Y 像素，下为 Z 像素。

（4）外边距取值为 3 个值，如 margin：Apx Bpx Cpx Dpx；表示上外边距为 A 像素，右为 B 像素，下为 C 像素，左为 D 像素。

同样，内边距属性也可以取 1～4 个值，取 1～4 个值的方向分布同外边距一样。

6.3.2　内边距

内边距属性用来设置盒子元素嵌套的内容到边框之间的距离。用法上同外边距属性非常相似。从盒子模型二维平面的 4 个方向来说，可以分别设置内边距的值，对应的属性如下。

（1）padding-top：上内边距。

（2）padding-right：右内边距。

（3）padding-bottom：下内边距。

（4）padding-left：左内边距。

在例 6.6 中，为<div>引用了 box 类样式，定义 border：1px solid black 为 1px 宽度的实线黑色边框，上、右、下、左 4 个方向上的内边距值分别为 10px、20px、30px、40px，效果如图 6.11 所示。

例 6.6

```
1    <!DOCTYPE html>
2    < html lang = "en">
3    < head >
4        < meta charset = "UTF-8">
5        <title>分别设置 4 个方向的 padding </title>
6        < style type = "text/css">
7            . box{
8                border:1px solid black;
9                padding-top: 10px;
10               padding-right: 20px;
11               padding-bottom: 30px;
12               padding-left: 40px;
13           }
14       </style>
15   </head >
16   < body >
17       < div class = "box"> div 内部文本, padding-top 为 10px, padding-right 为 20px, padding-
             bottom 为 30px, padding-left 为 30px。 </div >
18   </body >
19   </html >
```

图 6.11   设置上、下、左、右 4 个方向内边距效果

与外边距属性相同,内边距属性也是一个简写属性,可以同时赋予 1～4 个属性值。

(1) 内边距属性取值为 1 个值,如 margin:Npx;表示 4 个方向都是 N 像素的内边距。

(2) 内边距属性取值为 2 个值,如 margin:Xpx Ypx;表示上下为 X 像素的内边距,左右为 Y 像素的内边距。

(3) 内边距属性取值为 3 个值,如 margin:Xpx Ypx Zpx;表示上内边距为 X 像素,左右为 Y 像素,下为 Z 像素。

(4) 内边距属性取值为 3 个值,如 margin:Apx Bpx Cpx Dpx;表示上内边距为 A 像素,右为 B 像素,下为 C 像素,左为 D 像素。

总之,内边距属性和外边距属性都可以取 1～4 个值,这 1～4 个值在各个方向上的表示情况均按照上、右、下、左的顺序表示,如图 6.12 所示。

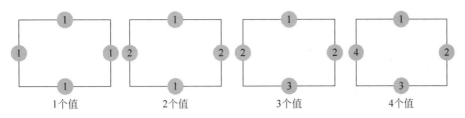

1个值　　2个值　　3个值　　4个值

图 6.12　内边距属性设置 1～4 个值在 4 个方向的对应情况

6.3.3　边框

边框属性是一个复合属性,可以在一个声明中设置所有的边框属性。可以设置的顺序及其含义如表 6.1 所示。

表 6.1　border 复合属性可以设置的属性及含义

值	说　明	值	说　明
border-width	边框的宽度	border-color	边框的颜色
border-style	边框的样式		

下面我们先来看能够通过 border 设置的各分属性。

1. 边框宽度

边框宽度(border-width)简写属性是为元素的所有边框设置宽度,也可以单独为各边边框设置宽度。这个属性可能的取值如表 6.2 所示。

表 6.2　border-width 可能取值情况

值	描　述	值	描　述
length	自定义边框的宽度	medium	中等边框,默认值,计算值为 3px
thin	细的边框,计算值为 1px	thick	粗边框,计算值为 5px

同外边距属性、内边距属性一样,边框宽度属性可以赋 1～4 个属性值,不同个数的属性值代表各方向的情况也同外边距属性、内边距属性一样,也有上、右、下、左 4 个方向的分属性。

(1) border-top-width:上边框粗细。

(2) border-right-width:右边框粗细。

(3) border-bottom-width:下边框粗细。

(4) border-left-width:左边框粗细。

在例 6.7 中,设置上、右、下、左 4 个方向的边框宽度分别为 thin、medium、thick 和 10px。同时,必须指定边框样式属性值为 solid,可以看出各边框显示的样式如图 6.13 所示。

注意:如果边框样式设置为 none 或 hidden,边框宽度的使用值将为 0。

例 6.7

```
1    <!DOCTYPE html>
2    <html lang = "en">
3    <head>
4        <meta charset = "UTF-8">
5        <title>borderwidth 边框宽度属性</title>
6        <style type = "text/css">
7            .box1{
8                border-width:thin medium thick 10px;
9                border-style: solid;
10           }
11       </style>
12   </head>
13   <body>
14       <div class = "box1">上边框值为 thin(细边框),右边框是 medium(中等边框),下边框是
             thick(粗边框),左边框是 10 像素。</div>
15   </body>
16   </html>
```

图 6.13　边框宽度属性 4 个方向
不同取值效果

在例 6.7 中,也可以为边框宽度属性赋值 1～3 个值,大家可自己尝试。

2. 边框样式

边框样式(border-style)属性设置对象的边框样式。如果边框宽度等于 0,这个属性将失去作用。边框样式属性同样可以取 1～4 个值,取值个数不同各个方向的赋值情况和以上几个属性相同,其可取的值如表 6.3 所示。

同样地,边框样式也有各方向上的分支属性,如下所示。

(1) border-top-style:上边框样式。

(2) border-right-style:右边框样式。

(3) border-bottom-style:下边框样式。

(4) border-left-style:左边框样式。

表 6.3　边框样式可能取值情况

值	描　述
none	无轮廓,边框颜色被忽略,边框宽度计算值为 0
solid	实线轮廓
hidden	隐藏边框。IE 7 以下尚不支持
dotted	点状轮廓。IE 6 下显示为 dashed 效果
dashed	虚线轮廓
double	双线轮廓,两条单线与其间隔的和等于指定的边框宽度值
groove	3D 凹槽轮廓
ridge	3D 凸槽轮廓
inset	3D 凹边轮廓
outset	3D 凸边轮廓

　　如图 6.14 所示,展示了边框样式的各个取值在谷歌浏览器下的效果,对应的代码如例 6.8 所示。

例 6.8

```
1    <!DOCTYPE html>
2    < html lang = "en">
3    < head >
4        < meta charset = "UTF-8">
5        < title > border-style 属性值</title>
6        < style type = "text/css">
7            span{margin-right:5px;padding:10px;background-color: #eee;}
8            .none{border:0 none;}
9            .solid{border:3px solid #000;}
10           .hidden{border:3px hidden #000;}
11           .dotted{border:3px dotted #000;}
12           .dashed{border:3px dashed #000;}
13           .double{border:3px double #000;}
14           .groove{border:3px groove #000;}
15           .ridge{border:3px ridge #000;}
16           .inset{border:3px inset #000;}
17           .outset{border:3px outset #000;}
18       </style>
19   </head >
20   < body >
21       < span class = "none"> none </span>
22       < span class = "solid"> solid </span>
23       < span class = "hidden"> hidden </span>
24       < span class = "dotted"> dotted </span>
25       < span class = "dashed"> dashed </span>
26       < span class = "double"> double </span>
27       < span class = "groove"> groove </span>
28       < span class = "ridge"> ridge </span>
```

```
29        < span class = "inset"> inset </span >
30        < span class = "outset"> outset </span >
31    </body >
32    </html >
```

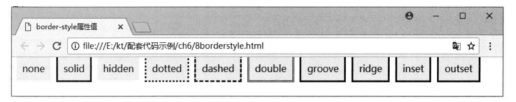

图 6.14　不同边框样式取值的效果

3. 边框颜色

4 个方向的边框颜色(border-color)属性用于指定边框的颜色,属性可以取 1～4 个值,对应上、右、下、左四边框的颜色。情况同上,将颜色可能的取值赋予边框颜色属性即可。

边框颜色的独立属性如下。

(1) border-top-color:上边框颜色。

(2) border-right-color:右边框颜色。

(3) border-bottom-color:下边框颜色。

(4) border-left-color:左边框颜色。

由于边框颜色的属性和前面两个属性的用法非常相似,大家可以自己测试。

下面来看一个有意思的例子。由于盒子模型中的边框的上、下、左、右边框交界处呈现平滑的斜线,利用这个特点,可以得到小三角形、梯形等。

在例 6.9 中,指定了盒子的高度和宽度为 20px,边框粗细为 20px 的实线,为 4 个边框指定了不同的颜色,效果如图 6.15 所示。

例 6.9

```
1    <!DOCTYPE html >
2    < html lang = "en">
3    < head >
4        < meta charset = "UTF-8">
5        <title>四个边不同的盒子</title>
6        < style type = "text/css">
7            .box{
8                height:20px;
9                width:20px;
10               border-color: #FF9600 #3366ff #12ad2a #f0ed7a;
11               border-style:solid;
12               border-width:20px;
13           }
```

```
14        </style>
15    </head>
16    <body>
17        <div class="box"></div>
18    </body>
19    </html>
```

如图6.15所示,4个边框设置了不同的颜色,可以清楚地看到4个边框的交界线。

将例6.9第7～13行代码修改为例6.10。把高度和宽度都设为0,并且将文本大小设置为0,行高设置为0,边界斜线会更加明显,如图6.16所示。

例 6.10

```
1    .box{
2        height:0px;
3        width:0px;
4        border-color:#FF9600 #3366ff #12ad2a #f0ed7a;
5        border-style:solid;
6        border-width:20px;
7        font-size:0;
8        line-height:0;
9    }
```

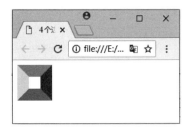

图 6.15　4个方向的边框颜色
属性值的不同效果

图 6.16　宽度、高度、字号、行高都
设置为0的四边框效果

在图6.16中,可以看到有4个三角形。如果把4种颜色只保留1种颜色,余下的3种颜色设置为透明或与背景色相同,则形成了一个三角形。在颜色值中,transparent为透明。在例6.10的基础上继续修改样式表如例6.11所示。

例 6.11

```
1    .box{
2        height:0px;
3        width:0px;
4        border-color:transparent;
5        border-left-color:#f0ed7a;
```

111

```
6        border-style:solid;
7        border-width:20px;
8        font-size:0;
9        line-height:0;
10    }
```

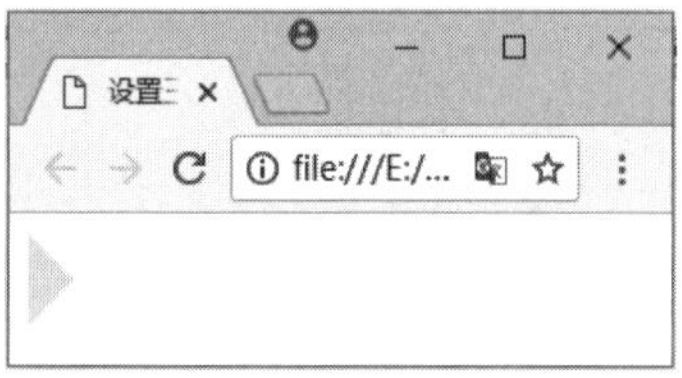

图 6.17　只有左边框有颜色的效果

在例 6.11 的样式设置中，由于只有一个边框有颜色，可以使用 border-color:transparent 先统一设置 4 个边框的颜色都透明，由于 CSS 的层叠特性，后边声明的样式会覆盖前面的样式，因此只有左边框有颜色，效果如图 6.17 所示。

4. 复合属性

复合(border)属性可以在一个声明中设置所有的边框属性。在声明属性时需要按顺序设置，代码如下。

```
border:border-width border-style border-color;
```

在例 6.12 中，box1 声明了盒子的边框样式为 5px 的黑色实线；box2 中未声明盒子的边框颜色，将默认使用文本颜色，由于定义了文本颜色为红色，类样式为 box2 的盒子以红色边框显示，效果如图 6.18 所示。

例 6.12

```
1     <!DOCTYPE html>
2     <html lang = "en">
3     <head>
4        <meta charset = "UTF-8">
5        <title>border 复合属性</title>
6        <style type = "text/css">
7            .box1{
8                border:5px solid #000;
9            }
10           .box2{
11               margin-top:10px;
12               border:3px solid;
13               color:#f00;
14           }
15       </style>
16    </head>
17    <body>
18       <div class = "box1">边框为 5px 的黑色实线。</div>
19       <div class = "box2">边框颜色默认使用文本颜色。</div>
20    </body>
21    </html>
```

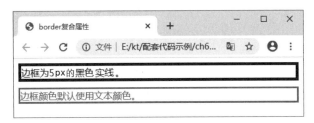

图 6.18　复合属性设置效果

6.4　盒子模型的其他常用属性

通过设置盒子的外边距、边框、内边距,可以按照预先设计的效果设置页面的留白。在 CSS 中,还提供了一些属性可以美化盒子。

6.4.1　width 和 height 属性

width 属性用来设置对象的宽度,height 属性用来定义元素的高度。宽度和高度属性的可能取值如表 6.4 所示。

表 6.4　宽度和高度属性的可能取值情况

值	描　　述
auto	默认值。浏览器计算出实际宽度/高度
length	使用 px 等单位定义宽度/高度
%	定义基于父元素宽度的百分比宽度/高度

注意:对于图像对象来说,仅指定对象的宽度属性,其高度值将根据图源的尺寸等比例缩放。

在例 6.13 中,插入原始图像的尺寸为 600px×228px,通过 CSS 只设定图源的宽度和高度发现,图像会进行等比例缩放,效果如图 6.19 所示。

例 6.13

```
1    <!DOCTYPE html>
2    < html lang = "en">
3    < head >
4        < meta charset = "UTF-8">
5        <title>图像等比例缩放</title>
6        < style type = "text/css">
7            .box{
8                /* width:300px; */
9                height:114px;
10           }
```

```
11            </style>
12      </head>
13      <body>
14            <img src = "imgs/smiles.jpg" alt = "" class = "box">
15      </body>
16      </html>
```

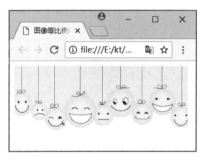

图 6.19　图像设置 height 属性缩放效果

对于盒子模型来说,在 4 个方向上都可以设置外边距、边框宽度和内边距。那么,盒子的宽度和高度到底包含元素的哪些部分呢?下面先以宽度属性来测试。

在例 6.14 中,设置盒子的宽度为 300px、高度 100px、内边距为 10px、边框为 5px、外边距为 10px,效果如图 6.20(a)所示。在谷歌浏览器的调试窗口,可以看到如图 6.20(b)所示的盒子模型各属性值的展现情况。

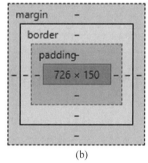

(a)　　　　　　　　　　　　　　　(b)

图 6.20　设置盒子宽度及浏览器盒模型

可见,宽度定义的是元素内容区域的宽度,即左内边界到右内边界的距离。

同理,高度属性定义的是元素内容区域的高度,即上内边界到下内边界的距离。

例 6.14

```
1      <!DOCTYPE html>
2      <html lang = "en">
3      <head>
4            <meta charset = "UTF-8">
5            <title>width 宽度计算</title>
```

```
6          < style type = "text/css">
7              .box{
8                  width:300px;
9                  height:100px;
10                 padding:10px;
11                 border:5px solid black;
12                 margin:10px;
13             }
14         </style>
15     </head>
16     < body >
17         < div class = "box">设置盒子宽度为 300px,</div >
18     </body >
19 </html>
```

综上所述,对于单个盒子模型来说,盒模型宽度等于 margin-left + border-left + padding-left + width + padding-right + border-right + margin-right;盒模型高度等于 margin-top + border-top + padding-top + height + padding-bottom + border-bottom + margin-bottom。

6.4.2　display 属性

display 属性用来规定元素应该生成框的类型。该属性常用的取值有以下 4 种。

(1) none:元素不会被显示。

(2) block:元素显示为块级元素,且前后带有换行符。

(3) inline:元素显示为行内元素,元素前后没有换行符。

(4) inline-block:行内块元素。

block 设置元素为块元素,特点是独占一行,默认宽度为父元素宽度的 100%,可以设置宽度、高度、内边距、外边距。

inline 设置元素和其他元素都在一行上,只有一行排不下才换行;对行内元素设置宽高无效,宽度只与内容有关;设置内边距、外边距只对左、右起作用,对上、下无效。

inline-block 是行内块元素,元素和其他元素在一行显示;元素的默认宽度为内容宽度,可以设置元素的宽度、高度及内外边距。

在例 6.15 中,< p >元素和< div >元素都是块元素。其中,通过 display:none;设置< div >元素不显示,第 21 行代码内容在网页上不显示;通过 display:inline;设置< p >元素变为行内元素,两个< p >元素的内容之间没有换行显示;< span >元素为行内元素,但是通过类样式 inb 对< span >元素设置了 display:inline-block;使它变为行内块元素,从图 6.21 可以看出,对行内元素块元素设置的上、右、下、左内边距为 10px 都生效。

例 6.15

```
1    <!DOCTYPE html >
2    < html lang = "en">
3    < head >
```

```
4            < meta charset = "UTF-8">
5            < title > display </title >
6            < style type = "text/css">
7                div{
8                    display: none;
9                }
10               p{
11                   display: inline;
12               }
13               . inb{
14                   display: inline-block;
15                   border:1px solid black;
16                   padding:10px;
17               }
18           </style >
19      </head >
20      < body >
21          < div >我是 div 的内容,我不显示</div >
22          < p >我是 p 元素内容,我被设置为< span class = "inb"> inline 行内元素</span ></p >
23          < p >我也是 p 元素中的内容。</p >
24      </body >
25          </html >
```

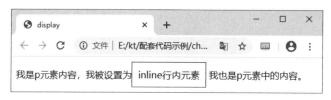

图 6.21   display 属性的各种取值效果

6.4.3   background 属性

background 可以在一条声明中设置所有的背景属性,它也是一个复合属性。

通过 background 可以设置的属性如下。

(1) background-color：指定要使用的背景颜色。

(2) background-image：指定背景图像的路径。

(3) background-position：指定背景图像的起始位置。

(4) background-size：指定背景图像的尺寸。

(5) background-repeat：设置背景图像为平铺方式。

(6) background-origin：指定 background-position 属性应该是相对位置。

(7) background-clip：指定元素背景所在的区域。

(8) background-attachment：设置背景图像是否固定或者随页面的其余部分滚动。

综合设置背景图像的语法如下所示(其中,bg 是缩写了 background 属性,实际应用单个属性时需要写全 background）：

```
background:bg-color bg-image position/bg-size bg-repeat bg-origin bg-clip bg-attachment;
```

1. background-color

background-color 属性用来设置元素的背景颜色。该属性的值可以是任何一种颜色的表示方法；也可以是 transparent，背景颜色为透明（默认值）。

属性会为元素设置一种纯色，这种颜色在盒子的填充区域包括内容区域、内边距和边框部分。如果边框有透明部分又设置了不透明的背景颜色，会透过这些透明部分显示出背景色。如例 6.16 所示，<h3>和<p>标记设置了背景颜色和边框。可见，段落标记由于设置了 dotted 圆点虚线边框，透明部分背景颜色被显示出来，效果如图 6.22 所示。

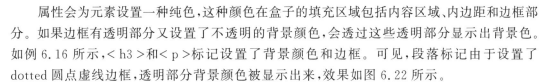

例 6.16

```
1    <!DOCTYPE html>
2    < html lang = "en">
3    < head >
4        < meta charset = "UTF-8">
5        < title > background-color 设置背景颜色</title >
6        < style type = "text/css">
7            h3{background-color:♯999;border:2px solid black;}
8            p{background-color:rgb(0,255,0);border:10px dotted black;}
9        </style >
10   </head >
11   < body >
12       < h3 >三级标题,背景颜色灰色</h3 >
13       < p >段落文本,背景颜色绿色,边框值为 dotted </p >
14   </body >
15   </html >
```

图 6.22 background-color 覆盖的盒子区域

2. background-image

background-image 属性用来设置元素的背景图像。背景占据的区域包括内容区域、内边距和边框，不包含外边距。默认情况下，背景图像位于元素的左上角，在水平和垂直方向上重复。

属性取值为 url('URL')，其中，URL 为图像的存储路径。

在例 6.17 中，规定盒子大小为 200px×200px，然后先设置背景图像，再设置背景颜色。在页面效果图 6.23 中可以看到，盒子显示了背景图像，并不是说背景颜色属性没有应用上，而是因为背景图像在背景颜色之上展示，覆盖了背景颜色。例 6.17 中，由于背景图像尺寸过大，为 1920px×600px，受盒子尺寸的限制，只展示了背景图像左上角 200px×200px 区域的背景图像。如果背景图像比盒子尺寸小，会先沿横轴重复再沿纵轴重复平铺显示。

例 6.17

```
1   <!DOCTYPE html>
2   <html lang = "en">
3   <head>
4       <meta charset = "UTF-8">
5       <title>background-image 设置背景图像</title>
6       <style type = "text/css">
7           .box1{
8               width:200px;
9               height:200px;
10              background-image:url(imgs/bg.jpg);
11              background-color:#ff0000;
12          }
13      </style>
14  </head>
15  <body>
16      <div class = "box1">300px * 300px</div>
17  </body>
18  </html>
```

图 6.23　设置 background-image 背景图像效果

3. background-position

background-position 属性用来设置背景图像的起始位置。该属性需要指定两个值，两个值之间用空格分隔，默认值为 0% 0%，默认背景图像的起始位置是左上角，其他可能的取值如表 6.5 所示。

表 6.5　background-position 背景图像位置可能取值情况

值	描　　述
left top left center left bottom right top right center right bottom center top center center center bottom	如果仅指定一个关键字,则另一个关键字为 center
x% y%	第 1 个值是水平位置,第 2 个值是垂直位置。左上角是 0% 0%,右下角是 100% 100%。如果指定了一个值,另一个值是 50%。默认值为 0% 0%
xpx ypx	第 1 个值是水平位置,第 2 个值是垂直位置。左上角是 0 0。如果仅指定了一个值,其他值将是 50%

在例 6.18 中,首先利用< div >标记选择器设置盒子的大小为 200px×200px,设置了使用的背景图像(大小为 100px×100px)。background-repeat 是背景图像重复属性,值为 norepeat 表示背景图像不重复,只显示一次。box1 使用 background-position:10px 20px;背景图像盒子的左上角水平方向平移 10px,再垂直向下移动 20px。box2 使用 background-position:center bottom;水平方向上居中,垂直方向在底部显示。例 6.18 的效果如图 6.24 所示。

例 6.18

```
1    <!DOCTYPE html >
2    < html lang = "en">
3    < head >
4        < meta charset = "UTF-8">
5        < title > background-position 背景图像位置</title>
6        < style type = "text/css">
7            div{
8                border:1px solid black;
9                width:200px;
10               height:200px;
11               background-image:url(imgs/smile100.jpg);
12               background-repeat:no-repeat;
13           }
14           .box1{
15               background-position:10px 20px;
16           }
17           .box2{
18               background-position:center bottom;
```

```
19              }
20          </style>
21      </head>
22      <body>
23          <div class = "box1"> box1 </div>
24          <div class = "box2"> box2 </div>
25      </body>
26  </html>
```

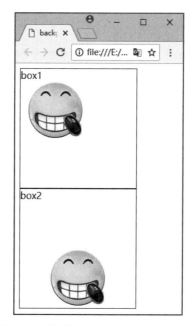

图 6.24   使用 background-position 设置
背景图像不同位置效果

4. background-size

background-size 属性用来指定背景图片的大小,是 CSS3 标准中的属性。该属性需要指定两个值,第 1 个值设置宽度,第 2 个值设置高度。如果只给出一个值,第 2 个设置为 auto。该属性可能的取值如表 6.6 所示。

表 6.6   background-size 属性的可能取值情况

值	描　述
length	用具体的尺寸设置背景图片宽度和高度
%	计算相对于背景定位区域的百分比
cover	保持图像的纵横比并将图像缩放成完全覆盖背景定位区域的最小大小
contain	保持图像的纵横比并将图像缩放成合适背景定位区域的最大大小

在例 6.19 中,只设置盒子高度为 112px,则宽度为 auto。背景图像原始大小为 100px×112px,将 background-size 属性设置为 25%,则宽度将按照其父元素盒子宽度的 25%,高度

120

按图像原比例自动显示。页面效果为横向以 4 个背景图像拉伸的方式填满盒子,如图 6.25
所示。

例 6.19

```
1    <!DOCTYPE html>
2    <html lang = "en">
3    <head>
4        <meta charset = "UTF-8">
5        <title>background-size 设置背景图像大小</title>
6        <style type = "text/css">
7            .box{
8                height:112px;
9                background-image:url(imgs/css3.png);
10               background-size:25%;
11               border:1px solid black;
12           }
13       </style>
14   </head>
15   <body>
16       <div class = "box">box 背景图像原始分辨率为 100 * 112,被拉伸,以横向四个填充盒子
             显示。</div>
17   </body>
18   </html>
```

图 6.25 设置背景图像相当于定位区域 25% 的效果

5. background-repeat

background-repeat 属性用来设置背景图像的平铺方式。当设置背景图像的盒子大小
大于背景图像的大小时,背景图像默认会先沿水平方向平铺,然后在垂直方向上重复显示。
该属性可取的值如下。

(1) repeat:默认值,背景图像在垂直方向和水平方向平铺。

(2) repeat-x:背景图像只在水平方向平铺。

(3) repeat-y:背景图像将在垂直方向平铺。

(4) no-repeat:背景图像仅显示一次。

在例 6.18 中,指定 background-repeat 属性值为 no-repeat,则背景图像只显示一次。

在例 6.20 中,box1 的背景图像沿水平方向平铺,box2 的背景图像沿垂直方向平铺,效

果如图 6.26 所示。

例 6.20

```
1    <!DOCTYPE html>
2    <html lang = "en">
3    <head>
4        <meta charset = "UTF-8">
5        <title>background-repeat 背景图像重复方式</title>
6        <style type = "text/css">
7            div{
8                width:100px;
9                height:100px;
10               border:1px solid black;
11               background-image:url('imgs/tu50.jpg');
12           }
13           .box1{
14               background-repeat:repeat-x;
15           }
16           .box2{
17               background-repeat:repeat-y;
18           }
19       </style>
20   </head>
21   <body>
22       <div class = "box1"></div>
23       <div class = "box2"></div>
24   </body>
25   </html>
```

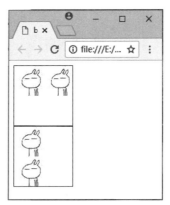

图 6.26　**background-repeat** 属性设置
沿水平、垂直方向平铺效果

6. background-origin

background-position 属性相对的位置就是"背景图像定位的起点",规定的是背景显示的位置,但是显示位置需要有个 background-origin 属性来界定,该属性的取值有以下 3 个。

122

（1）padding-box：默认值，以 padding 开始为标准定位。

（2）border-box：以 border 开始为定位标准。

（3）content-box：以内容区域为标准定位。

在例 6.21 中，box1、box2、box3 分别设置了 3 种背景图像定位的起点，在图 6.27 中可以看出不同定位之间的差异。

例 6.21

```
1    <!DOCTYPE html>
2    < html lang = "en">
3    < head >
4        < meta charset = "UTF-8">
5        < title > background-origin 设置背景图像定位的方式</title>
6        < style type = "text/css">
7            div{
8                width:100px;
9                height:100px;
10               border:10px solid black;
11               padding:10px;
12               background-image:url(imgs/sunflower.jpg);
13           }
14           .box1{
15               background-origin:padding-box;
16           }
17           .box2{
18               background-origin:border-box;
19           }
20           .box3{
21               background-origin:content-box;
22           }
23       </style>
24   </head>
25   < body >
26       < div class = "box1"> padding-box,默认值,从标准位置开始定位。</div>
27       < div class = "box2"> border-box,从边框开始定位。</div>
28       < div class = "box3"> content-box,从内容区域定位。</div>
29   </body>
30   </html>
```

7. background-clip

background-clip 属性用来规定背景的绘制区域,其可取的值如下。

（1）border-box：背景被裁剪到边框盒,默认值。

（2）padding-box：背景被裁剪到内边距框。

（3）content-box：背景被裁剪到内容框。

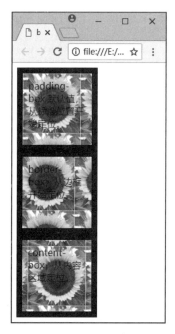

图 6.27   background-origin 属性不同取值的效果

例 6.22 演示了 background-clip 属性为 3 种可能取值的效果,如图 6.28 所示。其中,id 为 example1 的盒子的 background-clip 属性的默认值为 border-box。

例 6.22

```
1    <!DOCTYPE html>
2        <html lang = "en">
3        <head>
4            <meta charset = "UTF-8">
5            <title>background-clip 设置背景图像绘制区域</title>
6            <style type = "text/css">
7                #example1 {
8                    border:10px dotted black;
9                    padding:35px;
10                   background:yellow;
11               }
12               #example2 {
13                   border:10px dotted black;
14                   padding:35px;
15                   background:yellow;
16                   background-clip:padding-box;
17               }
18               #example3 {
19                   border:10px dotted black;
20                   padding:35px;
21                   background:yellow;
```

```
22              background-clip:content-box;
23          }
24      </style>
25  </head>
26  <body>
27  <p>没有定义背景裁切(默认 border-box)</p>
28      <div id = "example1">
29          <h2>这是二级标题</h2>
30          <p>这是段落文本,段落文本,段落文本,段落文本,段落文本,段落文本,段落文
            本。</p>
31      </div>
32  <p>定义背景裁切 background-clip:padding-box</p>
33  <div id = "example2">
34      <h2>这是二级标题</h2>
35      <p>这是段落文本,段落文本,段落文本,段落文本,段落文本,段落文本。</p>
36  </div>
37  <p>定义背景裁切 background-clip:content-box</p>
38  <div id = "example3">
39      <h2>这是二级标题</h2>
40      <p>这是段落文本,段落文本,段落文本,段落文本,段落文本,段落文本。</p>
41  </div>
42  </body>
43  </html>
```

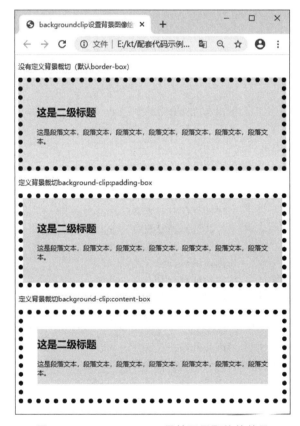

图 6.28 background-clip 属性不同取值的效果

8. background-attachment

background-attachment 属性是设置背景图像是否随着页面的其余部分滚动,该属性可取的值如下。

(1) scroll:背景图像随页面其余部分滚动,默认值。

(2) fixed:背景图像固定。

在例 6.23 中,背景图像大小为 100px×100px,不重复,且背景图像位于浏览器窗口左侧中间位置,当窗口内容过多出现垂直滚动轴时,背景图像的位置会固定不动。

例 6.23

```
1    <!DOCTYPE html>
2    < html lang = "en">
3    < head >
4        < meta charset = "UTF-8">
5        < title > background-attachment 背景图像固定</title >
6        < style type = "text/css">
7            body{
8                background-image:url('imgs/smile100.jpg');
9                background-repeat:no-repeat;
10               background-position:left center;
11               background-attachment:fixed;
12           }
13       </style >
14   </head >
15   < body >
16       背景图像居中固定,请滚动鼠标查看效果。< br >
17       背景图像居中固定,请滚动鼠标查看效果。< br >
18       背景图像居中固定,请滚动鼠标查看效果。< br >
19       背景图像居中固定,请滚动鼠标查看效果。< br >
20       背景图像居中固定,请滚动鼠标查看效果。< br >
21       背景图像居中固定,请滚动鼠标查看效果。< br >
22       背景图像居中固定,请滚动鼠标查看效果。< br >
23       背景图像居中固定,请滚动鼠标查看效果。< br >
24       背景图像居中固定,请滚动鼠标查看效果。< br >
25       背景图像居中固定,请滚动鼠标查看效果。< br >
26       背景图像居中固定,请滚动鼠标查看效果。< br >
27       背景图像居中固定,请滚动鼠标查看效果。< br >
28       背景图像居中固定,请滚动鼠标查看效果。< br >
29       背景图像居中固定,请滚动鼠标查看效果。< br >
30       背景图像居中固定,请滚动鼠标查看效果。< br >
31       背景图像居中固定,请滚动鼠标查看效果。< br >
32       背景图像居中固定,请滚动鼠标查看效果。< br >
33   </body >
34   </html >
```

126

9. background

background 属性可在一个声明中设置前面内容所述的所有背景属性。如果不设置其中的某个值,也不会出问题。

例 6.24 中,第 8 行代码通过 background 属性一并设置了背景颜色为绿色、背景图像为 applause.gif、平铺方式为不重复、固定在窗口中部展示。当页面内容较长,出现垂直滚动条时,向下或向上滚动滚动条,会发现背景图像在中间固定不动,如图 6.29 所示。

例 6.24

```
1   <!DOCTYPE html>
2   < html lang = "en">
3   < head >
4       < meta charset = "UTF-8">
5       < title > background 综合设置属性</title>
6       < style type = "text/css">
7           body{
8               background: #00ff00 url('imgs/applause.gif') no-repeat fixed center;
9           }
10      </style>
11  </head>
12  < body >
13      我爱大前端 <br>  我爱大前端 <br>  我爱大前端 <br>  我爱大前端 <br>我爱大前端
        <br>  我爱大前端 <br>  我爱大前端 <br>  我爱大前端 <br>  我爱大前端 <br>
        我爱大前端 <br>  我爱大前端 <br>  我爱大前端 <br>  我爱大前端 <br>  我爱大前
        端 <br>  我爱大前端 <br>  我爱大前端 <br>  我爱大前端 <br>  我爱大前端 <br>  我
        爱大前端 <br>
14  </body>
15  </html>
```

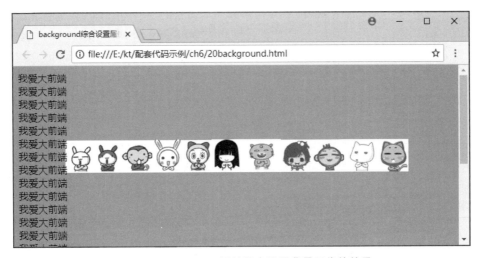

图 6.29 background 属性综合设置背景图像的效果

6.5 应用案例

在一些网站首页中,经常会看到某个栏目板块的热点图片新闻和最近更新的新闻列表展示,如图 6.30 所示。通过仔细观察不难发现,用到了前面内容学习的 border(边框)、line-height(行高)等属性的设置,其中新闻标题列表前边灰色的小圆点采用 background 属性方式实现。

图 6.30 "小易公开课"网站首页

整个栏目版块分为三部分,栏目标题放在类样式为 mod_title 的< div >标记中;图文推荐部分(图像和"我在阿里学到……")放在类样式为 mod_vnews 的< div >中;下方文章标题列表放在类样式为 newslist 的< div >中;所有内容以类样式为 mod_slide 的< div >为容器,具体结构如例 6.25 所示,其中第 6 行代码引入外部样式表文件 style.css,如例 6.26所示。

例 6.25

```
1    <!DOCTYPE html>
2    < html lang = "en">
3    < head >
4        < meta charset = "UTF-8">
5        <title>小易公开课</title>
6        < link rel = "stylesheet" href = "css/style.css">
```

```
7      </head>
8      < body >
9          < div class = "mod_slide">
10             < div class = "mod_title">
11                 < h2 >
12                     < a class = "title" href = "♯open163">
13                         < img class = "vmiddle" src = "imgs/vicon.png" alt = "">
14                         小易公开课</a>
15                 </h2 >
16             </div >
17             < div class = "mod_vnews">
18                 < a href = "♯vtop">
19                     < img src = "imgs/vtop.jpg" alt = "">
20                 </a >
21                 < h3 >
22                     < a href = "♯vtop">我在阿里学到的运营 36 课</a>
23                 </h3 >
24             </div >
25             < div class = "newslist">
26                 < p >
27                     < a href = "♯news1">让小白变身女王的化妆课</a>
28                 </p >
29                 < p >
30                     < a href = "♯news1">为马云打下江山的销售术</a>
31                 </p >
32                 < p >
33                     < a href = "♯news1">摆脱恐惧让你爱上演讲台</a>
34                 </p >
35                 < p >
36                     < a href = "♯news1">100 本全球好书精华导读</a>
37                 </p >
38                 < p >
39                     < a href = "♯news1">不自律可能会毁了你一生</a>
40                 </p >
41                 < p >
42                     < a href = "♯news1">视觉中国摄影师教你入门</a>
43                 </p >
44             </div >
45         </div >
46     </body >
47  </html>
```

在例 6.25 中,第 11～15 行代码使用< h2 >标记展示栏目标题,第 21～23 行代码使用< h3 >标记展示推送图文部分的标题,提高搜索引擎的权重。最新发表的文章标题使用< p >标记展示,且各自成一行。文章图像和标题在单击时应能够打开文章详情页面,需嵌套在< a >标记中。

例 6.26

```
1    body{
2        font-size:14px;
3        line-height:1.5;
4    }
5    body,h2,h3,p{
6        margin:0;
7        padding:0;
8        font-weight:normal;
9        font-size:100%;
10   }
11   a{
12       text-decoration:none;
13       color:#404040;
14   }
15   .vmiddle{
16       vertical-align:middle;
17   }
18   .mod_slide{
19       width:200px;
20       margin:10px auto;
21   }
22   .mod_slide .mod_title{
23       border-top:1px #e5e5e5 solid;
24       height:52px;
25   }
26   .title{
27       border-top:2px #ff3333 solid;
28       font-size:18px;
29       margin-top:-1px;
30       padding:9px 5px 0px 5px;
31       display:inline-block;
32   }
33   .mod_vnews{
34       font-size:14px;
35   }
36   .mod_vnews h3{
37       height:37px;
38   }
39   .newslist p{
40       height:39px;
41       line-height:39px;
42       font-size:14px;
43       text-indent:14px;
44       border-top:1px #eee solid;
45       background:url(../imgs/dot.gif) 0px 18px no-repeat;
46   }
```

栏目标题"小易公开课"上方有红色边框且文本四周有留白,将该标题的超链接标记<a>设置为行内块元素 display:inline-block,如例 6.26 的第 26~32 行代码。每个文章标题前的小圆点使用背景图像实现,需定义具体位置并不能重复,如例 6.26 第 45 行代码。

第 7 章
表格

本章学习目标

- 理解表格的用途。
- 掌握表格的基本结构标记。
- 掌握表格的其他标记,如< th >、< thead >、< tbody >、< tfoot >。
- 掌握常用的表格标记属性:colspan、rowspan、cellpadding、cellspacing、width、height、border、bgcolor、background、align。
- 掌握表格修饰常用的 CSS 属性,能够综合应用该属性进行表格美化。

7.1 表格的用途

表格就如同 Excel 中的表格,如图 7.1 所示,通过行列的划分,将内容写入某个单元格中,显得非常工整。

以前制作网页时,经常利用表格进行元素定位、排版布局,实现页面的美化;现在表格多用于数据展现。如图 7.2 所示的个人信息统计表,通过设置表格标题、表头等,使信息有序呈现。

图 7.1 Excel 中表格的行与列

个人信息								
□ 姓名	性别	年龄	生日	住址	电话	电邮	网址	
□ 张大全	男	35	1971/10/23	深圳南山	13612345678	szzdc@163.com	http://www.baidu.com	
□ 张大全	男	35	1971/10/23	深圳南山	13612345678	szzdc@163.com	http://www.baidu.com	
□ 张大全	男	35	1971/10/23	深圳南山	13612345678	szzdc@163.com	http://www.baidu.com	
□ 张大全	男	35	1971/10/23	深圳南山	13612345678	szzdc@163.com	http://www.baidu.com	
□ 张大全	男	35	1971/10/23	深圳南山	13612345678	szzdc@163.com	http://www.baidu.com	
□ 张大全	男	35	1971/10/23	深圳南山	13612345678	szzdc@163.com	http://www.baidu.com	
□ 张大全	男	35	1971/10/23	深圳南山	13612345678	szzdc@163.com	http://www.baidu.com	
□ 张大全	男	35	1971/10/23	深圳南山	13612345678	szzdc@163.com	http://www.baidu.com	
□ 张大全	男	35	1971/10/23	深圳南山	13612345678	szzdc@163.com	http://www.baidu.com	
□ 张大全	男	35	1971/10/23	深圳南山	13612345678	szzdc@163.com	http://www.baidu.com	
□ 张大全	男	35	1971/10/23	深圳南山	13612345678	szzdc@163.com	http://www.baidu.com	
□ 张大全	男	35	1971/10/23	深圳南山	13612345678	szzdc@163.com	http://www.baidu.com	
□ 张大全	男	35	1971/10/23	深圳南山	13612345678	szzdc@163.com	http://www.baidu.com	
□					< 1 2 3 4 5 6 7 ... 199 200 >			

图 7.2 个人信息表

7.2 表格的基本结构

7.2.1 表格的基本概念

从图 7.3 可以看出,一个表格(<table>标记定义)由若干行组成(<tr>标记定义),每行分为若干单元格(<td>标记定义),其纵方向的单元格组成列。

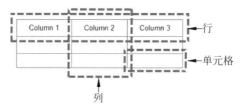

图 7.3 表格中的行、列、单元格

由于表格结构整齐,可以向单元格内填充文本、图片、段落等,再利用表格美化版式。前提是能够通过 HTML 标记写出表格的基本结构。

下边将详细介绍表格的相关标记。

7.2.2 表格的基本标记

要书写表格的基本结构,至少需要以下 3 对标记。

(1) <table></table>定义表格。

(2) <tr></tr>定义行。

(3) <td></td>定义单元格。

在例 7.1 中,使用<table>定义了一个表格,在<table>标记内部嵌套了两对<tr>标记定义了两行,每对<tr>标记内部嵌套了 3 对<td>标记,搭建了一个两行三列的表格。为了使表格结构清晰可见,为<table>表格标记设置 border(边框)属性值为 1px,效果如图 7.4 所示。

例 7.1

```
1    <!DOCTYPE html>
2    <html lang = "en">
3    <head>
4        <meta charset = "UTF-8">
5        <title>表格的结构</title>
6    </head>
7    <body>
8        <table border = "1px">
9            <tr>
```

```
10              <td>第一行 1 列</td>
11              <td>第一行 2 列</td>
12              <td>第一行 3 列</td>
13          </tr>
14          <tr>
15              <td>第二行 1 列</td>
16              <td>第二行 2 列</td>
17              <td>第二行 3 列</td>
18          </tr>
19      </table>
20  </body>
21  </html>
```

图 7.4　两行三列、边框为 1px 的表格

7.3　表格结构的其他标记

使用表格的三大标记<table>、<tr>、<td>能够完整定义表格、行、列。但是,有时候为了使表格语义化更明确或使结构更清晰,还需要了解一些其他标记。

7.3.1　<th>标题单元格

<th>用来定义标题单元格(或表头单元格)。如图 7.2 所示,表格的第 1 行用来定义各列的属性。从样式上来说,<th>内部的文本通常会呈现为居中的粗体文本,而<td>元素内部通常是普通文本,使用<th>标记可以使表格格式更清晰。

如例 7.2 所示,定义学生成绩统计表,第 1 行的各列名称为标题加粗文本,可以使用<th>标题单元格标记定义,内部文本加粗显示,效果如图 7.5 所示。

例 7.2

```
1   <!DOCTYPE html>
2   <html lang = "en">
3   <head>
4       <meta charset = "UTF-8">
5       <title>th 标题头</title>
```

```
6      </head>
7      <body>
8          <table border = "1px">
9              <tr>
10                 <th>学号</th>
11                 <th>姓名</th>
12                 <th>语文</th>
13                 <th>数学</th>
14                 <th>总分</th>
15             </tr>
16             <tr>
17                 <td>20100741021001</td>
18                 <td>刘巍</td>
19                 <td>84</td>
20                 <td>96</td>
21                 <td>89</td>
22             </tr>
23             <tr>
24                 <td>20100741021002</td>
25                 <td>韩君</td>
26                 <td>90</td>
27                 <td>85</td>
28                 <td>91</td>
29             </tr>
30         </table>
31     </body>
32  </html>
```

图 7.5　第一行单元格为标题单元格的效果

在例 7.2 的第 2 对和第 3 对< tr >中嵌套的都是< td >定义的单元格,文本按照默认样式显示。

7.3.2　table 标记中的< thead >、< tbody >和< tfoot >

在浏览器解析 HTML 时,table 是作为一个整体被解析的。< thead >、< tbody >和< tfoot >的作用是可以让整个表格分段显示。如果表格很长,用< tbody >可以分段显示,不用等整个表格都下载完成,且< tbody >包含行的内容优先下载显示。另外,在表格的加载过程中是从上向下显示,在应用了< thead >、< tbody >和< tfoot >以后,按照"从头到脚"显示,不管代码的顺序如何。也就是说,即使< thead >写在了< tbody >后面,HTML 显示时,还是先显示< thead >的内容,后显示< tbody >的内容。

< thead >、< tbody >和< tfoot >标记的用法如表 7.1 所示。

表 7.1   < thead >、< tbody >和< tfoot >标记的用法

标 记	用 法
< thead >	定义表格的表头
< tbody >	定义表格的主体(正文)
< tfoot >	定义表格的页脚(脚注或表注)

注意:如果使用< thead >、< tbody >和< tfoot >元素,必须使用全部元素,且必须在< table >元素内部使用这些标记。

在例 7.3 中,虽然将< tfoot >部分写在了< tbody >之前,但是在浏览器中仍然会将< tbody >部分的内容放在中间显示,如图 7.6 所示。

例 7.3

```
1    <!DOCTYPE html >
2    < html lang = "en">
3    < head >
4        < meta charset = "UTF-8">
5        < title > thead、tbody、tfoot </title >
6    </head >
7    < body >
8        < table border = "1px">
9            < thead >
10               < tr >
11                   < th >  </th >
12                   < th >苹果</th >< th >橘子</th >< th >香蕉</th >
13               </tr >
14           </thead >
15           < tfoot >
16               < tr >
17                   < th >总计</th >
18                   < th > 56 </th >< th > 89 </th >< th > 42 </th >
19               </tr >
20           </tfoot >
21           < tbody >
22               < tr >
23                   < td > 2018.9.10 </td >
24                   < td > 30 </td >< td > 60 </td >< td > 30 </td >
25               </tr >
26               < tr >
27                   < td > 2018.9.12 </td >
28                   < td > 15 </td >< td > 28 </td >< td > 15 </td >
29               </tr >
```

```
30              < tr >
31                  < td > 2018.9.16 </td >
32                  < td > 35 </td >< td > 42 </td >< td > 26 </td >
33              </tr >
34          </tbody >
35      </table >
36  </body >
37  </html >
```

图 7.6　< thead >、< tbody >和< tfoot >顺序错乱的效果

在< thead >和< tfoot >标记中,定义单元格使用了< th >标记,文本加粗显示。

在网页制作时,如果表格太长难以处理,可以使用< thead >、< tbody >和< tfoot >标记为表格添加更多的结构,有助于浏览器区分内容。

7.3.3　< caption >表格标题

< caption >标记用于定义表格标题,这个标记必须紧随< table >标记之后,通常标题的显示位置位于表格之上且居中。

在例 7.4 中,第 9 行代码为学生成绩表添加标题——"学生成绩表",效果如图 7.7 所示。

例 7.4

```
1   <! DOCTYPE html >
2   < html lang = "en">
3   < head >
4       < meta charset = "UTF-8">
5       < title >带标题表格</title >
6   </head >
7   < body >
8       < table border = "1px">
9           < caption >学生成绩表</caption >
10          < tr >
11              < th >   </th >
```

```
12            <th>语文</th><th>数学</th><th>英语</th>
13            <th>总分</th>
14        </tr>
15        <tr>
16            <td>小明</td>
17            <td>98</td><td>76</td><td>86</td>
18            <td>260</td>
19        </tr>
20        <tr>
21            <td>小红</td>
22            <td>87</td><td>88</td><td>82</td>
23            <td>257</td>
24        </tr>
25        <tr>
26            <td>各课程平均</td>
27            <td>78.7</td><td>73.8</td><td>77.7</td>
28            <td> </td>
29        </tr>
30    </table>
31 </body>
32 </html>
```

其中,表格第1行采用<th>定义单元格,单元格内文本加粗显示,其余单元格用<td>定义,为普通单元格。

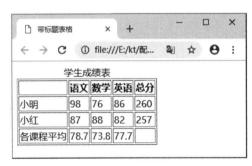

图 7.7　使用<caption>定义表格标题的效果

7.4　表格常用属性

7.4.1　跨行跨列表格

在利用表格呈现数据时,有些行或者单元格需要合并显示,这时就要用到<table>的跨行跨列属性。

1. 跨列

colspan属性是单元格标记<td>或<th>的标记属性,用来设置当前单元格横跨的列数。

如图 7.8 所示,第 1 行的第 1 个单元格跨 3 列显示,需要给该单元格设置属性 colspan="3"。

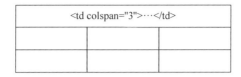

图 7.8　跨 3 列单元格

在例 7.5 中,表格第 1 行只有一个单元格且跨 5 列显示,单元格内文本加粗显示,故这个单元格使用< th >标记,设置属性 colspan="5",效果如图 7.9 所示。

例 7.5

```
1    <!DOCTYPE html >
2    < html lang = "en">
3    < head >
4        < meta charset = "UTF-8">
5        < title >跨列表格</title>
6    </head>
7    < body >
8        < table border = "1px">
9            < tr >
10               < th colspan = "5">宏图电脑销售处日销售明细表</th>
11           </tr>
12           < tr >
13               < th >日期</th>< th >产品名称</th>< th >数量</th>< th >单价</th>< th >成
                 本</th>
14           </tr>
15           < tr >
16               < td > 2018-3-9 </td>< td >笔记本</td>< td > 5 </td>< td > 19,500 </td>
                 < td > 85,000 </td>
17           </tr>
18           < tr >
19               < td > 2018-3-10 </td>< td >台式机</td>< td > 3 </td>< td > 56,00 </td>
                 < td > 15,000 </td>
20           </tr>
21       </table>
22   </body>
23   </html>
```

前两行单元格都使用< th >标记定义,文本加粗显示;后两行单元格使用< td >定义,文本采用默认样式。

2. 跨行

rowspan 是单元格标记< td >和< th >标记的属性,实现表格中一列跨多行的功能。如图 7.10 所示,该表格结构为:第 1 行有 3 个单元格,第 1 个单元格跨 3 行显示;第 2 行和第 3 行各有两个单元格。

宏图电脑销售处日销售明细表				

图 7.9　跨 5 列单元格效果　　　　　　　图 7.10　跨 3 行单元格效果

在例 7.6 中,第 2 行的第 3 个单元格跨 3 行显示,需设置 rowspan＝"3",效果如图 7.11 所示。

例 7.6

```
1    <! DOCTYPE html>
2    < html lang = "en">
3    < head >
4        < meta charset = "UTF-8">
5        < title>跨行表格</title>
6    </head >
7    < body >
8        < table border = "1px">
9            < caption>学生基本情况表</caption>
10           < tr >
11               < th>姓名</th>
12               < th>性别</th>
13               < th>专业</th>
14           </tr>
15           < tr >
16               < td>刘备</td>< td>男</td>
17               < td rowspan = "3">计算机</td>
18           </tr>
19           < tr >
20               < td>张飞</td>< td>男</td>
21           </tr>
22           < tr >
23               < td>关羽</td>< td>男</td>
24           </tr>
25       </table>
26   </body>
27   </html>
```

单元格也可以同时设置 colspan 和 rowspan 属性,实现单元格的合并。具体做法是在预留的单元格里设置 colspan 和 rowspan 属性的数值,所设置的数值即为单元格水平跨列数和垂直跨行数,并将其他被合并的单元格删除。

在图 7.12 中,第 1 行的第 1 个单元格跨 4 列显示,表格的第 1 对< tr >内只需写 1 对

图 7.11   跨 3 行单元格效果

< td >，并设置属性 colspan＝"4"；第 2 行的第 3 个单元格跨两行两列显示，第 2 对< tr >内需要有 3 对< td >，对第 3 对< td >同时设置 colspan＝"2"，rowspan＝"2"；第 3 行的第 3 个和第 4 个单元格的位置被第 2 行的跨行跨列单元格占据，所以第 3 对< tr >内只需要写 2 对< td >；第 4 行是正常展示的单元格，一共有 4 对< td >。具体代码如例 7.7 所示。

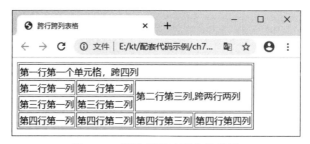

图 7.12   既跨行又跨列表格效果

例 7.7

```
1    <!DOCTYPE html >
2    < html lang = "en">
3    < head >
4        < meta charset = "UTF-8">
5        <title>跨行跨列表格</title>
6    </head >
7    < body >
8        < table border = "1px">
9            < tr >
10               < td colspan = "4">第一行第一个单元格,跨四列</td>
11           </tr >
12           < tr >
13               < td>第二行第一列</td>
14               < td>第二行第二列</td>
15               < td colspan = "2" rowspan = "2">第二行第三列,跨两行两列</td>
16           </tr >
17           < tr >
18               < td>第三行第一列</td>
19               < td>第三行第二列</td>
```

```
20              </tr>
21              <tr>
22                  <td>第四行第一列</td>
23                  <td>第四行第二列</td>
24                  <td>第四行第三列</td>
25                  <td>第四行第四列</td>
26              </tr>
27          </table>
28      </body>
29      </html>
```

7.4.2　边框、单元格填充、单元格间距

如图 7.13 所示,表格在网页空间布局的主要概念如下。

(1) 单元格:填充表格内容。

(2) border 边框:围绕表格的边框宽度。

(3) cellpadding 单元格填充:单元格边沿与其内容之间的空白,默认为 1px。

(4) cellspacing 单元格间距:单元格之间的距离。

border、cellpadding、cellspacing 都是<table>标记的属性。

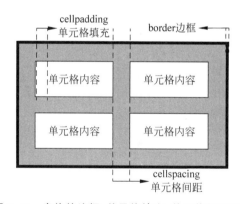

图 7.13　表格的边框、单元格填充、单元格间距示意

注意:在应用 border 属性时,border 会为每个单元格应用边框,并用边框围绕表格。如果 border 属性的值发生改变,则只有表格周围边框的尺寸会发生变化。表格内部的边框永远是 1px 宽。如果设置 border="0px",则可以显示没有边框的表格。

在例 7.8 中,设置了表格边框宽度为 5px,内容与边框之间的距离为 10px,单元格与单元格、单元格与表格边框之间的距离为 20px,效果如图 7.14 所示。

例 7.8

```
1   <!DOCTYPE html>
2   <html lang = "en">
```

141

```
3       < head >
4           < meta charset = "UTF-8">
5           <title>表格空间</title>
6       </head >
7       < body >
8           < table border = "5px" cellpadding = "10px" cellspacing = "20px">
9               < tr >
10                  < td > 1-1 </td>< td > 1-2 </td>
11              </tr>
12              < tr >
13                  < td > 2-1 </td>< td > 2-2 </td>
14              </tr>
15              < tr >
16                  < td > 3-1 </td>< td > 3-2 </td>
17              </tr>
18          </table>
19      </body>
20      </html>
```

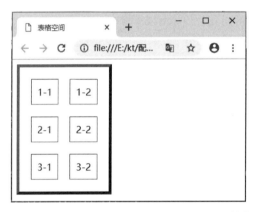

图 7.14　设置 border、cellspacing、cellpadding 属性效果

7.4.3　表格的修饰属性

1. 宽度和高度

宽度(width)和高度(height)属性可以使用< table >和< td >标记,其可能的取值如表 7.2
所示。

表 7.2　width 和 height 属性的取值

值	描　　述
pixels	以像素为单位的高度值
percent	百分比形式的高度值

142

在例7.9中,设置表格总宽度为500px,高度为200px。同时,为第1行第1个单元格设置宽度为100px,第2行第1个单元格设置高度为50px。在浏览器显示时,表格第1行的高度自动计算,第二列宽度自动计算,效果如图7.15所示。

例7.9

```
1    <!DOCTYPE html>
2    <html lang = "en">
3    <head>
4        <meta charset = "UTF-8">
5        <title>height 和 width 属性</title>
6    </head>
7    <body>
8        <table border = "1px" width = "500px" height = "200px">
9            <tr>
10               <td width = "100px">1-1</td>
11               <td>1-2</td>
12           </tr>
13           <tr>
14               <td height = "50px">2-1</td>
15               <td>2-2</td>
16           </tr>
17       </table>
18   </body>
19   </html>
```

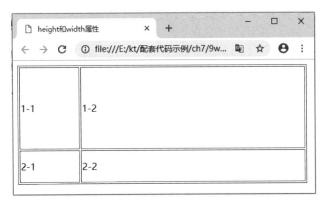

图7.15 设置表格单元格宽度或高度效果

在设置表格宽度和高度时需要注意:至少留下一行或一列不设置高度或宽度,用来进行自动计算。

2. 背景颜色

bgcolor是背景颜色属性,该属性值可以为任意颜色值,可以对<table>表格标记、<tr>行标记、<td>或<th>单元格标记使用背景色。

注意:HTML 5 不支持<table> bgcolor 属性,建议使用 CSS 代替。在 HTML 4.01

中,<table>的 bgcolor 属性已废弃。

在例 7.10 中,分别为<table>、<tr>、<td>设置了背景颜色,页面渲染时会在各自的区域内显示相应的背景颜色。

例 7.10

```
1    <!DOCTYPE html>
2    <html>
3    <head>
4        <meta charset = "UTF-8">
5        <title>表格的背景颜色</title>
6    </head>
7    <body>
8        <table border = "1px" bgcolor = "#ff0000">
9            <tr bgcolor = "#00ff00">
10               <td>1-1</td>
11               <td bgcolor = "#0000ff">1-2</td>
12               <td>1-3</td>
13           </tr>
14           <tr>
15               <td>2-1</td>
16               <td>2-2</td>
17               <td>2-3</td>
18           </tr>
19       </table>
20   </body>
21   </html>
```

其中,第 8 行代码设置表格背景颜色为红色,第 9 行代码设置第 1 行背景颜色为绿色,第 11 行代码设置该单元格背景颜色为蓝色,如图 7.16 所示。

图 7.16 使用 bgcolor 属性设置表格背景颜色效果

3. 边框颜色

bordercolor 是边框颜色属性,默认情况下边框颜色为灰色。在使用 border 设置了边框的粗细后(不能为 0),可以使用该属性设置边框颜色。

在例 7.11 中,设置 bordercolor 的值为"#cc0000"(红色),表格所有边框颜色显示为红色,如图 7.17 所示。

144

例 7.11

```
1    <!DOCTYPE html>
2    <html lang = "en">
3    <head>
4        <meta charset = "UTF-8">
5        <title>表格的边框</title>
6    </head>
7    <body>
8        <table border = "5px" height = "100px" width = "400px" bordercolor = "#cc00000">
9            <tr>
10               <td>1-1</td><td>1-2</td>
11           </tr>
12           <tr>
13               <td>2-1</td><td>2-2</td>
14           </tr>
15       </table>
16   </body>
17   </html>
```

在图 7.17 中,表格周围和内部的边框都为红色。

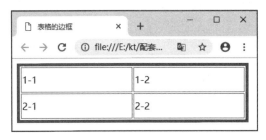

图 7.17 使用 bordercolor 属性设置值为红色效果

4. 背景图像

background 为背景图像属性,可以设置<table>、<tr>、<td> 3 个标记的背景图像。

在例 7.12 中,使用 background 为整个表格设置了背景图像,且设置表格大小和背景图像原始大小一致,效果如图 7.18 所示。

例 7.12

```
1    <!DOCTYPE html>
2    <html lang = "en">
3    <head>
4        <meta charset = "UTF-8">
5        <title>background</title>
6    </head>
7    <body>
```

```
8            < table border = "1px" width = "500px" height = "341px" background = "imgs/tablebg.jpg">
9                < tr >
10                   < td > 1-1 </td> < td > 1-2 </td> < td > 1-3 </td>
11               </tr>
12               < tr >
13                   < td > 2-1 </td> < td > 2-2 </td> < td > 2-3 </td>
14               </tr>
15               < tr >
16                   < td > 3-1 </td> < td > 3-2 </td> < td > 3-3 </td>
17               </tr>
18           </table>
19       </body>
20       </html>
```

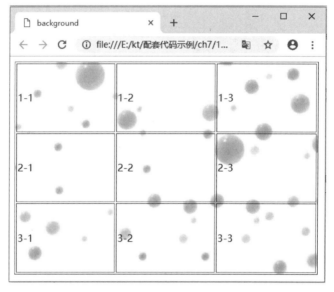

图 7.18　background 设置整个表格背景图像效果

需要注意的是：虽然可以对< tr >标记应用 background 属性，但是在< tr >标记中该属性的兼容问题较严重。

5. 单元格内容水平对齐方式

align 属性规定单元格中内容的水平对齐方式，其可能的取值如表 7.3 所示。

表 7.3　表格 align 属性的取值

值	描　　述
left	左对齐(默认值)
right	右对齐
center	居中对齐
justify	对行进行伸展,使每行有相等的长度

146

在例 7.13 中,定义了一个带 1px 边框、宽度为 300px 的两行两列表格,设置 4 个单元格的 align 属性取值分别为默认、居右、居左、居中,效果如图 7.19 所示。

例 7.13

```
1   <!DOCTYPE html>
2   < html lang = "en">
3   < head >
4       < meta charset = "UTF-8">
5       <title>单元格对齐方式</title>
6   </head>
7   < body >
8       < table border = "1px" width = "300px">
9           <tr>
10              <td>默认对齐方式</td>< td align = "right">右对齐</td>
11          </tr>
12          <tr>
13              < td align = "left">左对齐</td>< td align = "center">居中对齐</td>
14          </tr>
15      </table>
16  </body>
17  </html>
```

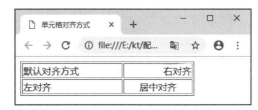

图 7.19 单元格 align 属性不同取值效果

7.5 CSS 表格属性

一般情况下,推荐使用 CSS 表格属性对表格进行美化,实现结构和样式的分离。

7.5.1 表格边框

在 CSS 表格属性中,可使用 border 属性设置表格边框,也可以通过 border 同时为< table >、< td >、< th >设置边框样式。

例 7.14

```
1   <!DOCTYPE html>
2   < html lang = "en">
```

```
3    < head >
4        < meta charset = "UTF-8">
5        < title > border 表格的边框</title>
6        < style type = "text/css">
7            table,th,td{
8                border:1px solid blue;
9            }
10       </style>
11   </head>
12   < body >
13       < table >
14           < tr >
15               < th colspan = "2">水果含糖量介绍</th>
16           </tr>
17           < tr >
18               < td>含糖量</td>< td>水果名称</td>
19           </tr>
20           < tr >
21               < td>4％～7％</td>< td>西瓜、草莓、白兰瓜</td>
22           </tr>
23           < tr >
24               < td>8％～10％</td>< td>梨、柠檬、樱桃、哈桃子、菠萝密瓜、葡萄</td>
25           </tr>
26           < tr >
27               < td>9％～13％</td>< td>苹果、杏、无花果、橙子、柚子、荔枝等</td>
28           </tr>
29           < tr >
30               < td>14％以上的水果</td>< td>柿子、桂圆、杨梅、石榴等</td>
31           </tr>
32       </table>
33   </body>
34   </html>
```

在例 7.14 中,使用 CSS 样式为< table >、< th >、< td >设置了 1px 的蓝色实线边框,效果如图 7.20 所示。由于< table >、< th >、< td >都具有独立的边框,表格具有双线条边框。

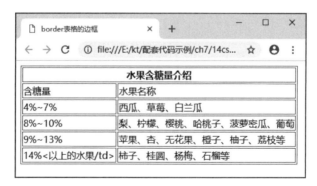

图 7.20　CSS 表格属性 border 设置< table >、< th >、< td >样式效果

在实际生活中,双线条的表格并不多见,如果需要把双线条边框的表格显示为单线条边框,需使用 border-collapse 属性。

7.5.2　边框合并

border-collapse 属性设置表格的边框是否被合并为一个单一的边框,该属性可能的取值如表 7.4 所示。

表 7.4　border-collapse 属性的取值

值	描　　述
separate	边框分开,默认值
collapse	边框合并为一个单一的边框
inherit	从父元素继承 border-collapse 属性值

如果在例 7.14 中添加 CSS 样式,代码如下,发现相邻的边框合并之后效果如图 7.21 所示。

```
table{border-collapse: collapse;}
```

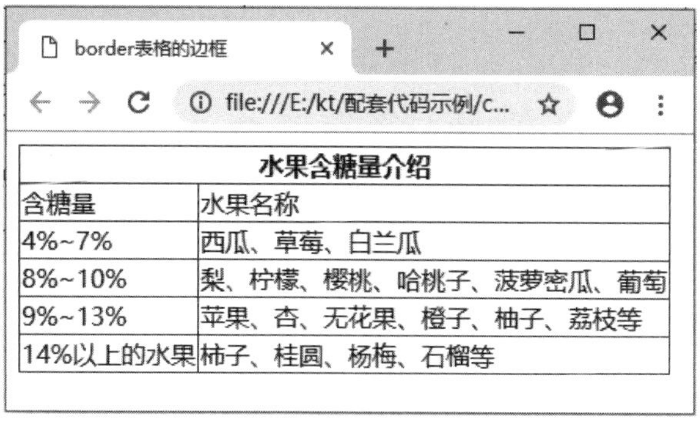

图 7.21　设置 border-collapse 属性值为 collapse 的效果

制作单线框表格时,设置 border-collapse 属性值为 collapse。

7.5.3　宽度和高度

width 属性可以定义宽度,height 属性定义高度。两个属性值可以为具体的像素值或百分比。

将例 7.14 进一步修改,设置表格宽度占浏览器窗口大小的 100%,表格标题单元格< th >的高度为 50px。将例 7.14 中的第 7~9 行代码用如下代码替换。设置 table{width:100%;}之后,整个表格宽度和浏览器窗口大小相等,设置 th{height:50px;}之后,标题单元格高度为 50px,效果如图 7.22 所示。

```
1    table,th,td{
2            border:1px solid blue;
3    }
4    table{
5            border-collapse: collapse;
6            width:100％;
7    }
8    th{
9            height:50px;
10   }
```

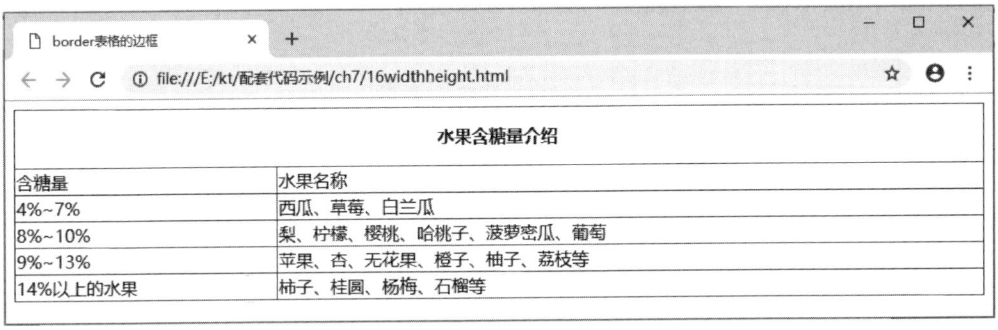

水果含糖量介绍	
含糖量	水果名称
4%~7%	西瓜、草莓、白兰瓜
8%~10%	梨、柠檬、樱桃、哈桃子、菠萝蜜瓜、葡萄
9%~13%	苹果、杏、无花果、橙子、柚子、荔枝等
14%以上的水果	柿子、桂圆、杨梅、石榴等

图 7.22　与浏览器等宽的单线框表格效果

7.5.4　水平对齐方式和垂直对齐方式

text-align 属性设置表格中文本的水平对齐方式,其取值如下。

(1) left,把文本排列到左边,默认值。

(2) right,把文本排列到右边。

(3) center,把文本排列到中间。

vertical-align 属性设置表格中文本的垂直对齐方式,其取值如下。

(1) top,文本垂直方向顶部对齐。

(2) middle,文本垂直方向居中对齐,默认值。

(3) bottom,文本底部对齐。

在例 7.15 中,当没有为单元格设置对齐方式时,默认的对齐方式是水平居左对齐,垂直居中对齐,各对齐方式效果如图 7.23 所示。

例 7.15

```
1    <!DOCTYPE html>
2    <html lang="en">
3    <head>
4        <meta charset="UTF-8">
5        <title>单元格内容的水平和垂直对齐方式</title>
```

```
6            < style type = "text/css">
7                table,td{
8                    border:1px solid black;
9                    border-collapse: collapse;
10               }
11               table{width:500px;}
12               tr{height:80px;}
13          </style>
14    </head>
15    < body >
16        < table >
17            < tr >
18                <td>默认对齐方式</td>
19                < td style = "text-align: center;vertical-align: top;">水平居中,垂直顶端
                   对齐</td>
20            </tr>
21            < tr >
22                < td style = "text-align: center;vertical-align: middle;">水平居左,垂直居
                   中</td>
23                < td style = "text-align: right;vertical-align: bottom;">水平居右,垂直底
                   端对齐</td>
24            </tr>
25        </table>
26    </body>
27    </html >
```

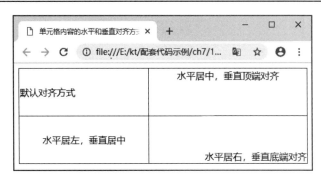

图 7.23　水平、垂直方向各种取值对齐效果

7.5.5　其他属性

1. 表格内边距

需要控制单元格的内容与边框之间的距离时,可对< td >或< th >标记设置 padding 属性。

2. 背景颜色

background-color 属性赋予任何可能的颜色值,可以为< table >、< tr >、< td >和< th >标

151

记设置背景颜色。

3. 背景图像

使用 background-image 属性可以为< table >、< tr >、< td >和< th >标记设置背景图像。

7.6　应用案例

7.6.1　个人简历

下面通过一个案例演示综合应用各种 CSS 表格属性来实现一个个人简历的表格,如图 7.24 所示。

图 7.24　个人简历表格

其中,个人简历表格结构页面文件名为 resume.html,具体代码如例 7.16 所示。

例 7.16

```
1    <!DOCTYPE html >
2    < html lang = "en">
3    < head >
4        < meta charset = "UTF-8">
5        < title >个人简历</title>
6        < link rel = "stylesheet" href = "style.css" type = "text/css">
7    </head >
```

```
8    < body >
9    < table width = "450px">
10       < caption class = "tabletitle">个人简历</caption >
11       < tr >
12           < td class = "graytd width70">姓名</td >< td class = "width102">程序媛</td >
13           < td class = "graytd width54">性别</td >< td class = "width122">女</td >
14           < td rowspan = "5">< img class = "personalimg" src = "images/girl.jpg" alt = "">< /td >
15       < /tr >
16       < tr >
17           < td class = "graytd">出生日期</td >< td > 1995.9.1 </td >
18           < td class = "graytd">民族</td >< td >汉</td >
19       < /tr >
20       < tr >
21           < td class = "graytd">政治面貌</td >< td >群众</td >
22           < td class = "graytd">籍贯</td >< td >上海</td >
23       < /tr >
24       < tr >
25           < td >毕业学校</td >< td colspan = "3">邯郸学院</td >
26       < /tr >
27       < tr >
28           < td class = "graytd">就读专业</td >< td >软件技术</td >
29           < td class = "graytd">学历</td >< td >专科</td >
30       < /tr >
31       < tr >
32           < td class = "graytd">联系电话</td >< td > 13852005200 </td >
33           < td class = "graytd">E-mail </td >< td colspan = "2"> ilovehtml@163.com </td >
34       < /tr >
35       < tr >
36           < td class = "graytd bordertop4" colspan = "5">教育及培训情况</td >
37       < /tr >
38       < tr >
39           < td >大光明小学</td >< td colspan = "2">小学</td >< td colspan = "2"> 2001 年
             9 月——2007 年 6 月</td >
40       < /tr >
41       < tr >
42           < td >大光明初中</td >< td colspan = "2">初中</td >< td colspan = "2"> 2007 年
             9 月——2010 年 6 月</td >
43       < /tr >
44       < tr >
45           < td >邯郸市第五中学</td >< td colspan = "2">高中</td >< td colspan = "2"> 2010 年
             9 月——2013 年 6 月</td >
46       < /tr >
47   < /table >
48   < /body >
49   < /html >
```

在例 7.16 中的第 6 行代码链入的样式表文件 style.css 的代码如例 7.17 所示。

例 **7.17**

```
1   body{
2       font-size: 12px;
3   }
4   .tabletitle{
5       font-size:16px;
6       font-family:"黑体";
7       color:#345930;
8       font-weight:bold;
9       padding-bottom:19px;
10  }
11  table,td{
12      border:1px solid #c0c2c1;
13      border-collapse:collapse;
14      text-align:center;
15  }
16  td{
17      padding-top:8px;
18      padding-bottom:8px;
19  }
20  .personalimg{
21      width:86px;
22  }
23  .graytd{
24      background-color:#fbfbfb;
25      font-weight:bold;
26  }
27  .width70{
28      width:70px;
29  }
30  .width54{
31      width:54px;
32  }
33  .width102{
34      width:102px;
35  }
36  .width122{
37      width:122px;
38  }
39  .bordertop4{
40      border-top:4px solid #c0c2c1;
41  }
```

7.6.2 个人信息表

很早的网站习惯直接用表格进行布局,现在流行使用 DIV+CSS 的布局方式。但是,使用表格呈现数据非常清晰,也很常见。如图 7.25 所示是仿本章开头的个人信息表,通过设置奇偶行不同背景颜色,使结构更清晰,用户体验更好。

观察图 7.25 发现,可以将"个人信息"设置为表格标题,使用<caption>标记;表格的第 1 行文本加粗可以通过标题单元格标记<th>实现,具体结构如例 7.18 所示。由于版面限制,省略撑起表格结构需要重复的例 7.18 中第 23~42 行代码。

图 7.25 个人信息表

例 7.18

```
1    <!DOCTYPE html>
2    <html lang = "en">
3    <head>
4        <meta charset = "UTF-8">
5        <title>个人信息</title>
6        <link rel = "stylesheet" href = "style.css">
7    </head>
8    <body>
9        <table>
10           <caption>个人信息</caption>
11           <thead>
12               <tr>
13                   <th>姓名</th>
14                   <th>性别</th>
```

```
15                <th>年龄</th>
16                <th>生日</th>
17                <th>住址</th>
18                <th>电话</th>
19                <th>邮箱</th>
20                <th>网址</th>
21            </tr>
22        </thead>
23        <tr>
24            <td>张大全</td>
25            <td>男</td>
26            <td>35</td>
27            <td>1971/10/23</td>
28            <td>深圳南山</td>
29            <td>13612345678</td>
30            <td>szzdc@163.com</td>
31            <td>http://www.baidu.com</td>
32        </tr>
33        <tr class="even">
34            <td>张大全</td>
35            <td>男</td>
36            <td>35</td>
37            <td>1971/10/23</td>
38            <td>深圳南山</td>
39            <td>13612345678</td>
40            <td>szzdc@163.com</td>
41            <td>http://www.baidu.com</td>
42        </tr>
43    </table>
44 </body>
45 </html>
```

例 7.18 中第 6 行代码链入的样式表文件 style.css 的代码如例 7.19 所示。

例 7.19

```
1   *{
2       font-family:Tahoma, Arial, Helvetica, Sans-serif,"宋体";
3   }
4   table{
5       width:700px;
6       margin:0 auto;
7       font-size:12px;
8       color:#333;
9       text-align:center;
10      border-collapse:collapse;
11  }
```

```
12    table td{
13        border:1px solid #999;
14        height:22px;
15    }
16    caption{
17        text-align:center;
18        font-weight:bold;
19    }
20    thead{
21        border:1px solid #999;
22    }
23    th{
24        line-height:30px;
25        height:30px;
26        background-color:#c5c5c5;
27    }
28    tr.even td{
29        background-color:#eee;
30    }
```

7.6.3　数据统计表

根据图 7.26 书写 HTML 代码。

在例 7.20 中，使用 table.imagetable 这样的交集选择器定义了表格的类样式，且在后边的样式声明中都使用了应用此类样式的< table >标记的子元素< td >或< th >。在应用时，只需要给< table >添加类名即可，见第 28 行代码。

省份/直辖市	GDP	增长率
广东	72612	8.0%
河南	37010	8.3%
广东	70116	8.5%

图 7.26　数据统计表

例 7.20

```
1     <!DOCTYPE html>
2     <html lang="en">
3     <head>
4         <meta charset="UTF-8">
5         <title>GDP 统计</title>
6         <style type="text/css">
7             table.imagetable{
8                 font-family:verdana,arial,sans-serif;
9                 font-size:12px;
10                color:#333333;
11                border-width:1px;
12                border-color:#999999;
13                border-collapse:collapse;
14            }
```

```
15          table.imagetable th{
16              background:#b5cfd2 url("images/cell-blue.jpg");
17              border:1px solid #999;
18              padding:8px;
19          }
20          table.imagetable td{
21              background:url("images/cell-grey.jpg");
22              border:1px solid #999;
23              padding:8px;
24          }
25      </style>
26  </head>
27  <body>
28      <table class="imagetable">
29          <tr>
30              <th>省份/直辖市</th>
31              <th>GDP</th>
32              <th>增长率</th>
33          </tr>
34          <tr>
35              <td>广东</td>
36              <td>72612</td>
37              <td>8.0%</td>
38          </tr>
39          <tr>
40              <td>河南</td>
41              <td>37010</td>
42              <td>8.3%</td>
43          </tr>
44          <tr>
45              <td>广东</td>
46              <td>70116</td>
47              <td>8.5%</td>
48          </tr>
49      </table>
50  </body>
51  </html>
```

第 8 章

布局与定位

本章学习目标

- 理解 HTML 文档流。
- 掌握元素的 float 浮动属性。
- 掌握元素的 clear 清除浮动属性。
- 掌握元素的 overflow 溢出属性。
- 掌握元素的 position 定位属性。
- 掌握设置盒子图层顺序属性 z-index 的用法。
- 掌握外边距塌陷的解决方法

　　网站页面的内容常规划为整齐的行与列的版块进行展示。在网页制作时,常用 DIV+ CSS 技术进行网页布局。本章将讲解布局与定位相关的 CSS 属性。

8.1　HTML 文档流

　　理解文档流,有助于读者理解 HTML 页面的布局与定位。

　　文档流指的是元素在屏幕或浏览器窗口中显示的位置。文档流包括如下两方面的含义。

　　(1) 从左至右,从上到下的布局。

　　(2) 符合 HTML 标记本身定义的布局形式。例如,块元素独占一行显示,行内元素则与其他元素同行展示。

　　所谓的标准文档流,是指在元素排版布局过程中,代码中的元素从上到下在浏览器中按照从左往右、从上往下的流式排列,每个块元素独占一行,行内元素则按照顺序水平排列直到行满,然后在下一行的起点继续显示。

　　例 8.1 中,按照文档流的顺序,在浏览器窗口从左开始先显示 smile. jpg,再显示 sad. jpg。由于浏览器的窗口足够宽,<img/>标记为行内标记,两张图片在一行显示。但是,又由于两个<img/>标记之间存在换行,浏览器在显示图像时出现"空白折叠现象",即两张图像之间出现一个空格,效果如图 8.1 所示。

例 8.1

```
1    <! DOCTYPE html >
2    < html lang = "en">
3    < head >
4        < meta charset = "UTF-8">
5        < title >文档流</title >
6    </head >
7    < body >
8        < img src = "images/smile.jpg" alt = "">
9        < img src = "images/sad.jpg" alt = "">
10   </body >
11   </html >
```

图 8.1 图像标记之间存在换行符显示空格效果

注意：空白折叠现象是指，由于屏幕的大小、对窗口大小的调整都可能导致 HTML 页面显示不同的结果。对于 HTML 代码来说，无法通过添加额外的空格或换行来改变输出效果。当显示页面时，浏览器会移出代码中多余的空格和空行，HTML 代码中所有连续的空行(换行)被显示为一个空格。

在例 8.1 中，如果想要删除两个图像之间的空格，可将两个<img/>标记之间的换行符和空格符都删去，代码如下，图像会紧挨着显示，效果如图 8.2 所示。

```
< img src = "images/smile.jpg" alt = ""><img src = "images/sad.jpg" alt = "">
```

图 8.2 图像标记之间无换行和空格效果

8.2 浮动

浮动(float)会使元素脱离标准文档流。让元素浮动可以使其并排显示,进行网页排版。浮动属性取值如表 8.1 所示。

表 8.1 浮动属性取值

值	描 述
left	元素向左浮动,脱离文档流
right	元素向右浮动,脱离文档流
none	默认值。不浮动,并会显示在其文档流中出现的位置
inherit	规定应该从父元素继承 float 属性的值

如例 8.2 所示,两个<div>标记分别设置宽度、高度和 1px 的边框。页面效果如图 8.3 所示。

例 8.2

```
1    <!DOCTYPE html>
2    <html lang = "en">
3    <head>
4        <meta charset = "UTF-8">
5        <title>floatnone</title>
6        <style type = "text/css">
7            #box1{
```

```
8              width:200px;
9              height:300px;
10             border:1px solid black;
11         }
12         #box2{
13             width:300px;
14             height:300px;
15             border:1px solid black;
16         }
17     </style>
18 </head>
19 <body>
20     <div id = "box1">box1</div>
21     <div id = "box2">box2</div>
22 </body>
23 </html>
```

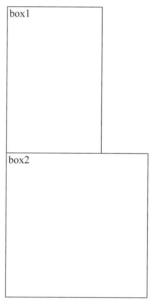

图 8.3　两个<div>标记设置宽度、
高度和边框效果

给"#box1"添加 float:left;属性,代码如例 8.3 第 8 行。

例 8.3

```
1 <!DOCTYPE html>
2 <html lang = "en">
3 <head>
4     <meta charset = "UTF-8">
5     <title>floatleft</title>
6     <style type = "text/css">
```

```
7              #box1{
8                  float:left;
9                  width:200px;
10                 height:300px;
11                 border:1px solid black;
12             }
13             #box2{
14                 width:300px;
15                 height:300px;
16                 border:1px solid black;
17             }
18         </style>
19     </head>
20     <body>
21         <div id="box1">box1</div>
22         <div id="box2">box2</div>
23     </body>
24     </html>
```

从图8.4可以看出,设置了id为box1的<div>浮动属性为向左浮动,此时id为box1的div已经脱离了标准文档流,不占页面空间。id为box2的<div>浮动属性为向上移动到父元素的起始位置(左上角)显示,且"#box1"和"#box2"重叠在一起显示。此时,"#box2"是文档流的第1个元素。

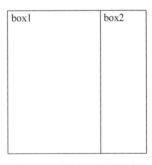

图8.4 "#box1"进行左浮动效果

注意:"box2"虽然被遮挡住了一部分,但并未遮挡住"#box2"中的内容,利用这一点可以制作"字围"效果,具体代码如例8.4所示。

例8.4

```
1   <!DOCTYPE html>
2   <html lang="en">
3   <head>
4       <meta charset="UTF-8">
5       <title>ziwei</title>
6       <style>
7           #box1{
8               float:left;
9           }
10      </style>
11  </head>
12  <body>
13      <div id="box1">
14          <img src="peppa.jpg" width="100px" alt="">
15      </div>
```

16	< div >这是小猪佩奇。这是小猪佩奇。这是小猪佩奇。这是小猪佩奇。这是小猪佩奇。
	这是小猪佩奇。这是小猪佩奇。这是小猪佩奇。这是小猪佩奇。这是小猪佩奇。这是小
	猪佩奇。这是小猪佩奇。这是小猪佩奇。这是小猪佩奇。这是小猪佩奇。这是小猪佩
	奇。这是小猪佩奇。这是小猪佩奇。这是小猪佩奇。这是小猪佩奇。这是小猪佩奇。这
	是小猪佩奇。这是小猪佩奇。这是小猪佩奇。这是小猪佩奇。这是小猪佩奇。这是小猪
	佩奇。这是小猪佩奇。这是小猪佩奇。这是小猪佩奇。这是小猪佩奇。这是小猪佩奇。
	这是小猪佩奇。这是小猪佩奇。这是小猪佩奇。这是小猪佩奇。这是小猪佩奇。这是小
	猪佩奇。这是小猪佩奇。这是小猪佩奇。这是小猪佩奇。这是小猪佩奇。</div >
17	</body >
18	</html >

在例 8.4 中，设置放图像的< div >的浮动属性为左浮动，放文字的< div >的浮动属性为正常显示，形成"字围"效果，如图 8.5 所示。

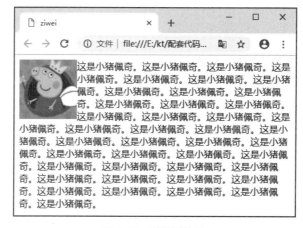

图 8.5 "字围"效果

如果两个盒子都是浮动元素，那么效果如何呢？ 在例 8.5 中，设置两个盒子的浮动属性都为向左浮动。

例 8.5

```
1    <!DOCTYPE html>
2    < html lang = "en">
3    < head >
4      < meta charset = "UTF-8">
5      < title > floatleft </title >
6      < style type = "text/css">
7          # box1{
8              float:left;
9              width:200px;
10             height:300px;
11             border:1px solid black;
12         }
```

```
13              ♯box2{
14                  float:left;
15                  width:300px;
16                  height:300px;
17                  border:1px solid black;
18              }
19          </style>
20      </head>
21      <body>
22          <div id="box1">box1</div>
23          <div id="box2">box2</div>
24      </body>
25  </html>
```

如图8.6所示,当两个盒子都为浮动元素时,两个盒子会并排显示。

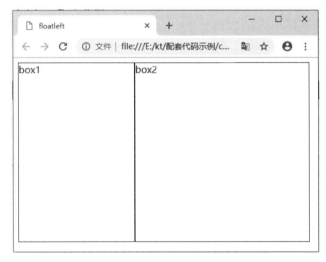

图8.6 两个<div>都是浮动元素并排显示效果

如果将例8.5中的"♯box1"修改为向右浮动,"♯box2"修改为不浮动,代码如例8.6所示。

例8.6

```
1   <!DOCTYPE html>
2   <html lang="en">
3   <head>
4       <meta charset="UTF-8">
5       <title>floatleft</title>
6       <style type="text/css">
7           ♯box1{
8               float:right;
9               width:200px;
10              height:300px;
```

```
11              border:1px solid black;
12          }
13          #box2{
14              width:300px;
15              height:300px;
16              border:1px solid black;
17          }
18      </style>
19  </head>
20  <body>
21      <div id="box1">box1</div>
22      <div id="box2">box2</div>
23  </body>
24  </html>
```

例 8.6 第 21 行代码将"♯box1"设置为向右浮动,它将脱离标准文档流在页面的右侧显示;"♯box2"按照正常文档流顺序以父元素的左上角为起点进行显示,同样可以形成两个盒子并排的效果,如图 8.7 所示。

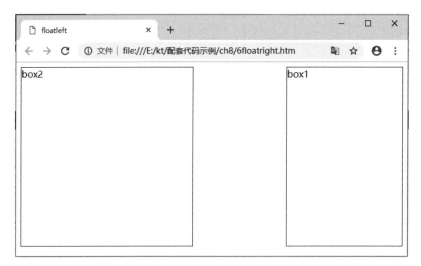

图 8.7 "♯box1"右浮动、"♯box2"不浮动效果

如果两个元素都向左浮动,那么两个元素都脱离文档流且能够并排显示,且不管浮动元素为块元素还是行内元素,它都能够设置宽高,代码如例 8.7 所示。

例 8.7

```
1   <!DOCTYPE html>
2   <html lang="en">
3   <head>
4       <meta charset="UTF-8">
5       <title>div</title>
```

```
6          < style >
7              . box1{
8                  width:200px;
9                  height:200px;
10                 float:left;
11                 border:1px solid black;
12             }
13             . box2{
14                 width:200px;
15                 height:200px;
16                 float:left;
17                 border:1px solid black;
18             }
19         </style >
20     </head >
21     < body >
22         < div class = "box1"> box1 </div >
23         < span class = "box2"> box2 </span >
24     </body >
25     </html >
```

例 8.7 第 23 行代码为行内元素,设置该元素浮动,还可以设置其宽度和高度,效果如图 8.8 所示。

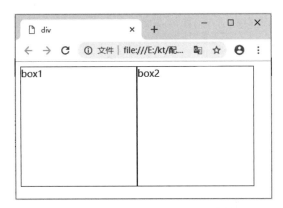

图 8.8　行内元素浮动可以设置宽高效果

如果一个浮动元素没有设置宽度和高度,会自动收缩为内容的宽度,如例 8.8 所示。

例 8.8

```
1      <! DOCTYPE html >
2      < html lang = "en">
3      < head >
4          < meta charset = "UTF-8">
5          < title > shousuo </title >
```

```
6          < style >
7              div{
8                  float:left;
9                  background-color: ♯ccc;
10             }
11         </style >
12     </head >
13     < body >
14         < div >
15             Web 开发,DIV + CSS 布局
16         </div >
17     </body >
18     </html >
```

在例 8.8 中,< div >为浮动元素,且没有设置宽度。从图 8.9 中元素的背景颜色可以看出,该元素宽度与文本等宽。

图 8.9　浮动元素不设置宽度,宽度收缩效果

图 8.9 中< div >本身是块级元素,如果不设置宽度,它会单独霸占整行;但是设置< div >为浮动元素后,它会收缩。

8.3　清除浮动

clear 属性规定元素的哪一侧不允许出现浮动元素,即清除浮动。如果声明为清除左边或右边的浮动元素,则会使元素的上外边框边界刚好在该边上浮动元素的下外边距之下。clear 属性的 3 个常用属性值如表 8.2 所示。

表 8.2　clear 属性常用取值

值	描　　述
left	在左侧不允许出现浮动元素
right	在右侧不允许出现浮动元素
both	在左、右两侧均不允许出现浮动元素

例 8.9 中,"♯box1"为浮动元素向左浮动,在"♯box2"的左边存在浮动元素。

例 8.9

```
1      <!DOCTYPE html >
2      < html lang = "en">
```

```
3      < head >
4          < meta charset = "UTF-8">
5          < title > noclear </title >
6          < style type = "text/css">
7              div{
8                  border:1px solid black;
9              }
10             #box1{
11                 width:100px;
12                 height:150px;
13                 float:left;
14             }
15             #box2{
16                 width:200px;
17                 height:150px;
18                 background-color:#ccc;
19             }
20         </style >
21     </head >
22     < body >
23         < div id = "box1">
24             这是 box1 的内容。
25         </div >
26         < div id = "box2">
27             这是 box2 的内容。
28         </div >
29     </body >
30     </html >
```

从图 8.10 可以看出，"♯box1"由于浮动脱离了标准文档流显示在"♯box2"之上，遮住了"♯box2"的一部分。

图 8.10　"♯box1"为浮动元素效果

在例 8.9 中，为 id 为"box2"的元素添加 CSS 样式 clear:left，不允许左侧出现浮动元素，第 15～19 行代码修改如下。

```
#box2{ width:200px; height:150px; background-color:#ccc; clear:left;}
```

由于"♯box2"清除了左侧的浮动元素,其会在新一行显示,效果如图 8.11 所示。

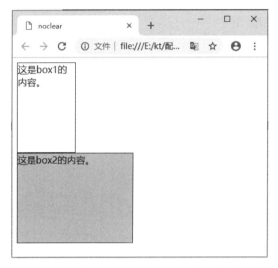

图 8.11　清除"♯box2"左侧的浮动元素效果

8.4　溢出

overflow 属性规定当元素内容溢出元素框时发生的事情。该属性可能的取值如表 8.3 所示。

表 8.3　overflow 属性可能取值情况

值	描　　述
visible	内容不会被修剪,呈现在元素框之外。默认值
hidden	内容被修剪,超过元素大小边框外的内容不可见
scroll	内容被修剪,但浏览器会显示滚动条以查看其余的内容
auto	如果内容需要被修剪,浏览器会显示滚动条以便查看其余的内容

在例 8.10 中,"♯box1"并未设置 visible 属性,与设置 visible 属性为 visible 的效果相同。可见 visible 属性的默认值为 visible。当元素的内容碰到其边框时会自动换行显示,内容超过定义的元素大小,超过边框的部分仍然可见,效果如图 8.12 所示。

例 8.10

```
1    <!DOCTYPE html>
2    < html lang = "en">
3    < head >
4        < meta charset = "UTF-8">
5        <title>文本溢出</title>
6        < style type = "text/css">
7            ♯box1{
```

```
8              border:1px solid black;
9              width:200px;
10             height:200px;
11          }
12      </style >
13    </head >
14    < body >
15      < div id = "box1">
16        这是溢出文本这是溢出文本这是溢出文本< br/>这是溢出文本这是溢出文本这是溢
          出文本< br/>
17      这是溢出文本这是溢出文本这是溢出文本< br/>这是溢出文本这是溢出文本这是溢出文
        本< br/>
18        这是溢出文本这是溢出文本这是溢出文本< br/>这是溢出文本这是溢出文本这是溢
          出文本< br/>
19      这是溢出文本这是溢出文本这是溢出文本< br/>这是溢出文本这是溢出文本这是溢出文
        本< br/>
20      </div >
21    </body >
22    </html >
```

图 8.12　未设置 visible 属性溢出效果

设置例 8.10 中的盒子元素"♯box1"的属性为 overflow:hidden,效果如图 8.13 所示。可以看出,在"♯box1"的下边框处,超过元素高度的内容被隐藏起来,最后一行文字只露出了一部分。

设置例 8.10 中的盒子元素"♯box1"的属性值为 overflow:scroll,效果如图 8.14 所示。其父元素强制显示垂直滚动条。由于内容超过父元素高度,垂直滚动条可用,水平滚动条不可用。

图 8.13　设置属性值为 overflow：hidden 的效果

图 8.14　设置属性值为 overflow：scroll 的效果

如果仍然设置"♯box1"的属性为 overflow：scroll，则将例 8.10 中"♯box1"< div >元素的内容减少，用下列代码替换例 8.10 中的第 16～19 行代码。虽然内容并没有溢出，但 overflow：scroll 会强制显示滚动条，效果如图 8.15 所示。

这是溢出文本这是溢出文本这是溢出文本< br/>这是溢出文本这是溢出文本这是溢出文本< br/>

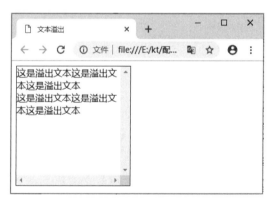

图 8.15　overflow 强制显示滚动条效果

如果设置属性值为 overflow:auto,则页面会根据需要决定是否显示滚动条,在此不做举例。

8.5 浮动元素对父元素高度产生影响

浮动会造成元素从标准文档流中脱离,会对父元素的高度产生影响,在网页的排版布局时要注意。

在例 8.11 中,父元素". father"的< div >没有设置高度,它的高度需要靠子元素将其撑起来。而其两个子元素". box1"和". box2"的< div >都设置为向左浮动的元素,造成它们脱离标准的文档流显示。尽管两个子元素设置了宽度和高度,但并没有将父元素的高度撑起来。从图 8.16 可以看出,父元素盒子的上下边框挤在一起显示,形成了一条黑线(线高度为 2px,是上下边框粗细的和),父元素之后的内容上移显示。

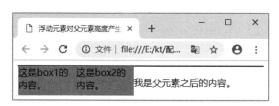

图 8.16 子元素浮动对父元素高度产生影响效果

例 8.11

```
1    <!DOCTYPE html >
2    < html lang = "en">
3    < head >
4        < meta charset = "UTF-8">
5        <title>浮动元素对父元素高度产生影响</title>
6        < style type = "text/css">
7            .father{
8                background-color:#333;
9                border:1px solid black;
10           }
11           .box1,.box2{
12               height:50px;
13               width:100px;
14               float:left;
15               background-color:#999;
16           }
17       </style>
18   </head>
19   < body >
20       < div class = "father">
21           < div class = "box1">这是 box1 的内容。</div>
22           < div class = "box2">这是 box2 的内容。</div>
23       </div>
```

```
24        <p>我是父元素之后的内容。</p>
25    </body>
26    </html>
```

如何清除浮动元素对父元素高度产生的影响呢？有如下 3 种解决方案。

1. 使用空标记清除

在浮动元素之后添加不包含任何内容的空标记(可以是任何标记,如< div >、< p >等),
并为其应用样式 clear:both,如例 8.12 所示。

例 8.12

```
1     <!DOCTYPE html >
2     < html lang = "en">
3     < head >
4         < meta charset = "UTF-8">
5         <title>浮动元素对父元素高度产生影响</title>
6         < style type = "text/css">
7             .father{
8                 background-color: #333;
9                 border:1px solid black;
10            }
11            .box1,.box2{
12                height:50px;
13                width:100px;
14                float:left;
15                background-color: #999;
16            }
17            .box3{
18                clear:both;
19            }
20        </style>
21    </head>
22    < body >
23        < div class = "father">
24            < div class = "box1">
25                这是 box1 的内容。
26            </div>
27            < div class = "box2">
28                这是 box2 的内容。
29            </div>
30            < div class = "box3"></div>
31        </div>
32        < p >我是父元素之后的内容。</p>
33    </body>
34    </html>
```

例 8.12 中,在两个浮动的子元素之后添加一个空的< div >,并设置其属性值为 clear:
both,从图 8.17 可以看出,其父元素高度不受两个浮动子元素影响。

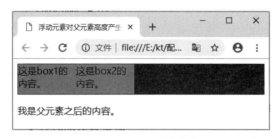

图 8.17　设置 clear：both 属性值的空元素之后效果

2. 父元素设置 overflow：hidden

overflow：hidden 属性设置当内容超过父元素时，可以使用该属性和其值将溢出部分裁剪掉。

当子元素浮动时，给父元素增加 overflow：hidden 属性值。按照它的特性，会将子元素超出的部分裁剪掉。但是，因为子元素是浮动元素无法裁剪，只能给父元素增加高度去包裹住子元素，使父元素拥有高度，并且这个高度是跟随子元素自适应的高度，这样就把浮动的子元素包含在父元素内部了。

将例 8.12 中空的".box3"的< div >去掉，设置父元素类样式为 father 的< div >添加 overflow：hidden 属性，代码如例 8.13 所示。

例 8.13

```
1    <!DOCTYPE html >
2    < html lang = "en">
3    < head >
4        < meta charset = "UTF-8">
5        <title>浮动元素对父元素高度产生影响</title>
6        < style type = "text/css">
7            .father{
8                background-color: #333;
9                border:1px solid black;
10               overflow:hidden;
11           }
12           .box1,.box2{
13               height:50px;
14               width:100px;
15               float:left;
16               background-color: #999;
17           }
18       </style>
19   </head >
20   < body >
21       < div class = "father">
22           < div class = "box1">
```

```
23              这是 box1 的内容。
24          </div>
25          <div class = "box2">
26              这是 box2 的内容。
27          </div>
28      </div>
29      <p>我是父元素之后的内容。</p>
30  </body>
31  </html>
```

从图 8.18 可以看出，父元素<div>的高度按照子元素的高度自适应显示，它之后的内容也另起一行展示。

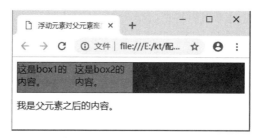

图 8.18　父元素设置 overflow:hidden 高度不受影响效果

3. 使用::after 伪类元素

::before 和::after 伪类元素用于在 CSS 渲染中向元素逻辑上的头部或尾部添加内容。CSS 中，content 属性用来指定要添加的内容。

在例 8.14 中，使用::after 伪类元素向<p>标记尾部添加内容，添加的内容显示在<p>标记的尾部，效果如图 8.19 所示。

例 8.14

```
1   <!DOCTYPE html>
2   <html lang = "en">
3   <head>
4       <meta charset = "UTF-8">
5       <title>after 伪类</title>
6       <style type = "text/css">
7           .father::after{
8               content:"我是使用::after 伪类元素添加的内容";
9           }
10      </style>
11  </head>
12  <body>
13      <p class = "father">
14          我是 p 标记的内容
15      </p>
16  </body>
17  </html>
```

图 8.19 使用∷after 伪类效果

可以使用在父元素末尾添加空的＜div＞，并设置其为 clear∶both 清除浮动属性；同样可以使用∷after 伪类元素代替空的＜div＞元素，如例 8.15 所示。

例 8.15

```
1    <!DOCTYPE html>
2    < html lang = "en">
3    < head >
4        < meta charset = "UTF-8">
5        < title >使用∷after 伪类元素代替空 div </title>
6        < style type = "text/css">
7            .box{
8                width:400px;
9                background: # f00;
10               border:1px solid black;
11           }
12           .son{
13               float:left;
14           }
15           .box::after{
16               content:"";
17               clear:both;
18               display:block;
19           }
20       </style>
21   </head>
22   < body >
23       < div class = "box">
24           < div class = "son">我是浮动的 div 子元素</div>
25       </div>
26   </body>
27   </html>
```

例 8.15 第 15～19 行代码，在父元素".box"的＜div＞尾部使用∷after 伪类元素添加空的＜div＞元素，使用 content 属性设置内容为空，使用 clear∶both 属性清除两侧浮动元素。从图 8.20 中盒子的背景颜色可以看出，父元素未受浮动子元素的影响。

图 8.20 使用∷after 伪类元素添加空元素清除左右浮动元素效果

8.6 定位

8.6.1 盒子的定位

position 属性用于指定元素的定位方法,其可能的取值有如下 4 种。

(1) static:静态定位或没有定位,元素出现在正常的流中,默认值。

(2) relative:相对定位,元素相对于其本来应该显示的位置进行定位。

(3) absolute:绝对定位,元素相对于 static 以外定位方式的第 1 个父元素进行相对定位。

(4) fixed:固定定位,元素相对于浏览器窗口进行定位。

其中,relative、absolute、fixed 属性需要通过 left、top、right、bottom 属性规定元素的具体位置。下面将对这 4 个属性分别讲解。

1. 静态定位

static 是元素定位属性的默认值,它的含义是没有定位或静态定位,元素的位置将按照正常的文档流顺序出现。

在例 8.16 中,对“.son1”元素设置了定位属性为 position:static,对“.son2”没有设置定位属性。从图 8.21 可以看出,“.son1”元素和“.son2”元素都按照正常的文档流顺序显示。

例 8.16

```
1    <!DOCTYPE html>
2    <html lang = "en">
3    <head>
4        <meta charset = "UTF-8">
5        <title>static 定位方式</title>
6        <style type = "text/css">
7            .father{
8                height:200px;
9                width:400px;
10               border:2px solid black;
11               background-color:#ccc;
12           }
13           .son1,.son2{
14               border:2px dotted black;
15               width:300px;
16               height:50px;
17           }
18           .son1{
19               position:static;
```

```
20                 }
21         </style>
22    </head>
23    <body>
24        <div class = "father">
25            <div class = "son1">我是 son1 子盒子的内容</div>
26            <div class = "son2">我是 son2 子盒子的内容</div>
27        </div>
28    </body>
29    </html>
```

图 8.21　设置定位属性值为 position:static(默认值)效果

2. 相对定位

relative 是相对定位的方式,设置定位属性值为 position:relative 的元素的位置相对于其正常位置进行定位。可以通过 top、bottom、left、right 的属性值设置元素偏离正常位置的距离。

在例 8.17 中,设置".son2"的<div>元素定位属性为 relative,top 属性定义其偏离原位置上方 20px,left 属性定义其偏离原位置左侧 20px,效果如图 8.22 所示。

例 8.17

```
1     <!DOCTYPE html>
2     <html lang = "en">
3     <head>
4         <meta charset = "UTF-8">
5         <title>relative 定位方式</title>
6         <style type = "text/css">
7             .father{
8                 height:200px;
9                 width:400px;
10                border:2px solid black;
```

```
11              background-color:#ccc;
12          }
13       .son1,.son2{
14          border:2px dotted black;
15          width:300px;
16          height:50px;
17       }
18       .son2{
19          position:relative;
20          top:20px;
21          left:20px;
22       }
23    </style>
24  </head>
25  <body>
26     <div class="father">
27        <div class="son1">我是 son1 子盒子的内容</div>
28        <div class="son2">我是 son2 子盒子的内容</div>
29     </div>
30  </body>
31  </html>
```

图 8.22　设置定位属性为 position:relative(偏离原位置)效果

如果将例 8.17 中".son1"的<div>的定位属性修改为 relative,".son2"的<div>按照正常文档流顺序显示,且给两个<div>添加白色背景色,将例 8.17 中第 13～22 行代码修改为下述代码,最终效果图变成如图 8.23 所示效果。从图 8.23 可以看出,".son1"的<div>叠在".son2"的<div>之上显示,且遮挡住了".son2"<div>的一部分。但是,".son1"原位置占的网页空间被保留,".son2"的<div>仍按照文档流的顺序显示。

```
1  .son1,.son2{
2     border:2px dotted black;
3     width:300px;
4     height:50px;
```

```
5          background-color:#fff;
6      }
7    .son1{
8          position:relative;
9          top:20px;
10         left:50px;
11     }
```

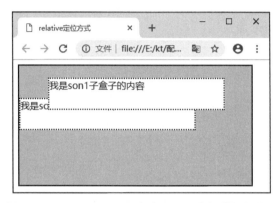

图 8.23　position:relative 占有原网页空间被保留效果

由此可知,偏离原始位置的定位属性是相对于元素本来的文档流的位置进行定位的,但是它原来所占有的页面空间会被保留。

3. 绝对定位

absolute 属性是绝对定位,实际上也是一种相对定位的方式。这种定位方式会逐级向外层寻找以 static 以外定位方式的父元素进行相对定位,如果没有则相对于<body>元素进行相对定位。同样需要使用 top、bottom、left、right 4 个属性设置其具体位置。

在例 8.18 中,“.son2”<div>的父元素“.father”<div>没有设定定位方式(除了 static 以外),所以“.son2”<div>将相对于<body>元素进行相对定位,效果如图 8.24 所示。

例 8.18

```
1    <!DOCTYPE html>
2    <html lang = "en">
3    <head>
4        <meta charset = "UTF-8">
5        <title>absolute 定位方式</title>
6        <style type = "text/css">
7            .father{
8                height:200px;
9                width:400px;
10               border:2px solid black;
11               background-color:#ccc;
```

```
12              }
13          .son1,.son2{
14              border:2px dotted black;
15              width:300px;
16              height:50px;
17          }
18          .son2{
19              position:absolute;
20              bottom:20px;
21              right:20px;
22          }
23      </style>
24  </head>
25  <body>
26      <div class = "father">
27          <div class = "son1">我是 son1 子盒子的内容</div>
28          <div class = "son2">我是 son2 子盒子的内容</div>
29      </div>
30  </body>
31  </html>
```

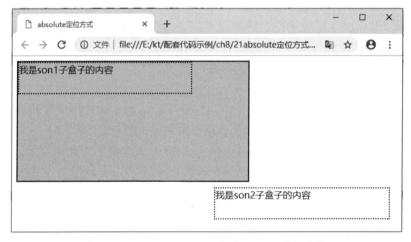

图 8.24　position:absolute 相对于 body 进行定位

给例 8.18 中".son2"<div>的父元素".father"设置定位属性为 relative,修改代码如例 8.19 所示。

例 8.19

```
1   <!DOCTYPE html>
2   <html lang = "en">
3   <head>
4       <meta charset = "UTF-8">
```

```
5          <title>absolute 定位方式</title>
6          <style type = "text/css">
7              .father{
8                  height:200px;
9                  width:400px;
10                 border:2px solid black;
11                 background-color:#ccc;
12                 position:relative;
13             }
14             .son1,.son2{
15                 border:2px dotted black;
16                 width:300px;
17                 height:50px;
18             }
19             .son2{
20                 position:absolute;
21                 bottom:20px;
22                 right:20px;
23             }
24      </style>
25  </head>
26  <body>
27      <div class = "father">
28          <div class = "son1">我是 son1 子盒子的内容</div>
29          <div class = "son2">我是 son2 子盒子的内容</div>
30      </div>
31  </body>
32  </html>
```

例 8.19 中,设置子元素的定位属性为 position:absolute,它的父元素". father"的定位属性设置为 position:relative,". son2"<div>相对于父元素". father"的底和右边框距离为 20px,效果如图 8.25 所示。

图 8.25　父元素定位属性设置为 position:absolute
　　　　相对于父元素定位效果

如果例 8.19 第 29 行代码之后再插入一个< div >,修改< body >中的代码如例 8.20 所示。

例 8.20

```
1    <! DOCTYPE html >
2    < html lang = "en">
3    < head >
4        < meta charset = "UTF-8">
5        < title > absolute 定位空间问题</title>
6        < style type = "text/css">
7            .father{
8                height:200px;
9                width:400px;
10               border:2px solid black;
11               background-color: # ccc;
12               position:relative;
13           }
14           .son1,.son2,.son3{
15               border:2px dotted black;
16               width:300px;
17               height:50px;
18           }
19           .son2{
20               position:absolute;
21               bottom:20px;
22               right:20px;
23           }
24       </style>
25   </head >
26   < body >
27       < div class = "father">
28           < div class = "son1">我是 son1 子盒子内容</div>
29           < div class = "son2">我是 son2 子盒子内容</div>
30           < div class = "son3">我是 son3 子盒子内容</div>
31       </div >
32   </body >
33   </html >
```

从图 8.26 可以看出,当".son2"的< div >元素进行绝对定位之后,会从文档流中脱离,它原本占用的页面空间也消失。因此,".son3"的< div >元素上移挨着"son1"< div >元素在新的一行显示。

关于定位属性为 position:absolute 的元素定位方式的总结如下。

(1) 一种相对定位,它相对于已定位的第 1 个父元素(设置 position 为 static 以外的值)进行相对定位。

(2) 如果没有"已定位"(设置 position 为 static 以外的值)的父元素,则相对于< body >元素进行定位。

(3) 该定位方式的元素会脱离标准文档流显示。

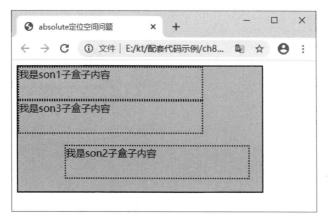

图 8.26　position:absolute 元素脱离标准文档流

4. 固定定位

fixed 属性设置绝对定位的元素,相对于浏览器窗口进行定位,并且脱离文档流。元素偏移的位置需要通过 top、bottom、right、left 4 个属性进行规定。

在例 8.21 中,设置"box1"为固定定位方式,并通过 right 和 bottom 属性设置其距离浏览器边缘右侧和下侧的位置,效果如图 8.27 所示。

例 8.21

```
1    <!DOCTYPE html>
2    <html lang = "en">
3    <head>
4        <meta charset = "UTF-8">
5        <title>fixed 定位方式</title>
6        <style type = "text/css">
7            .box1{
8                position:fixed;
9                right:30px;
10               bottom:30px;
11           }
12       </style>
13   </head>
14   <body>
15       <div class = "box1">
16           <img src = "images/smile.jpg" alt = "">
17       </div>
18   </body>
19   </html>
```

图 8.27 无法看出 fixed 定位方式和其他定位方式的区别,将例 8.21 中的代码稍做改动,将页面长度增加,改为例 8.22,效果如图 8.28 所示。

图 8.27 定位方式为 fixed 效果

例 8.22

```
1    <!DOCTYPE html >
2    < html lang = "en">
3    < head >
4        < meta charset = "UTF-8">
5        < title > fixed 定位方式</title >
6        < style type = "text/css">
7            . box1{
8                position:fixed;
9                right:30px;
10               bottom:30px;
11           }
12       </style >
13   </head >
14   < body >
15       < div class = "box1">
16           < img src = "images/smile.jpg" alt = "">
17       </div >
18       < div class = "box2">
19           box2 < br > box2 < br > box2 < br > box2 < br > box2 < br > box2 < br > box2 < br > box2
               < br > box2 < br > box2 < br > box2 < br > box2 < br > box2 < br > box2 < br > box2 < br >
               box2 < br > box2 < br > box2 < br > box2 < br > box2 < br > box2 < br > box2 < br > box2
               < br > box2 < br > box2 < br >     box2 < br > box2 < br > box2 < br > box2 < br > box2
               < br > box2 < br > box2 < br > box2 < br > box2 < br > box2 < br > box2 < br > box2 < br >
               box2 < br > box2 < br > box2 < br > box2 < br > box2 < br > box2 < br > box2 < br > box2
               < br > box2 < br > box2 < br > box2 < br > box2 < br > box2 < br > box2 < br >
20       </div >
21   </body >
22   </html >
```

186

图 8.28　页面内容过长，fixed 定位元素固定效果

从图 8.28 可以看出，页面内容过长，当拖动浏览器右侧滚动条时，固定定位的图像仍然在规定的位置显示，且脱离文档流。

8.6.2　z-index 盒子的图层顺序

z-index 用来控制元素重叠时的堆叠顺序。该属性定位元素沿 z 轴的位置，z 轴定义为垂直延伸到显示区的轴。z-index 属性值为正数时，值越大离用户越近；z-index 属性值为负数时，值越小离用户越远。该属性的可能取值如下。

（1）auto：堆叠顺序与父元素相等，默认值。该属性值可以看成 z-index：0。

（2）number：整数值，设置元素的堆叠顺序。

在例 8.23 中，".box1"的 position 取值为 absolute，脱离标准文档流。如果两个元素都未设置 z-index，则".box1"的盒子会遮挡住图像的部分内容。对两个元素设置 z-index 且 < img >的 z-index 取值较大，会遮挡 z-index 取值较小的".box1"的< div >一部分内容，效果如图 8.29 所示。

例 8.23

```
1    <!DOCTYPE html >
2    < html lang = "en">
3    < head >
4        < meta charset = "UTF-8">
5        < title > zindex 图层的堆叠顺序</title>
6        < style type = "text/css">
7            .box1{
8                position:absolute;
```

```
9              background:blue;
10             width:100px;
11             height:250px;
12             background-color:#ccc;
13             z-index:0;
14         }
15     img{
16             position:relative;
17             bottom:-50px;
18             z-index:1;
19         }
20     </style>
21 </head>
22 <body>
23     <div class = "box1">我是div的内容</div>
24     <img src = "images/peggy.jpg" alt = "">
25 </body>
26 </html>
```

图 8.29　z-index 值大的遮盖值小的效果

8.7　外边距塌陷问题

外边距塌陷，也称外边距合并，是指两个正常流中兄弟关系或父子关系的块级元素的外边距组合在一起变成单个外边距，且只有上下边距才会塌陷，左右边距不受影响。

8.7.1　相邻兄弟关系的外边距塌陷问题

在例 8.24 中，为".box1"的<div>设置了下外边距为 10px，".box2"的<div>设置了上外边距为 30px，在垂直方向上会造成外边框塌陷。从图 8.30 可以看出，".box1"的<div>

与".box2"<div>之间的距离经测量为30px。

例 8.24

```
1    <!DOCTYPE html>
2    < html lang = "en">
3    < head >
4        < meta charset = "UTF-8">
5        < title >外边距塌陷</title >
6        < style type = "text/css">
7            div{
8                width:100px;
9                height:100px;
10               border:3px dotted black;
11               background-color: #ccc;
12           }
13           .box1{
14               margin-bottom:10px;
15           }
16           .box2{
17               margin-top:30px;
18           }
19       </style >
20   </head >
21   < body >
22       < div class = "box1">我是 box1 的内容</div >
23       < div class = "box2">我是 box2 的内容</div >
24   </body >
25   </html >
```

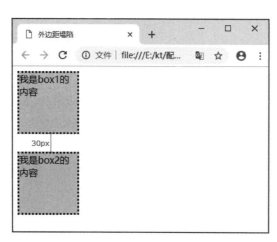

图 8.30　垂直方向兄弟元素外边距合并效果

也就是说,对于上下两个并列的<div>块而言,上面<div>的 margin-bottom 和下面<div>的 margin-top 会塌陷,取上下两者 margin 里最大值作为显示值。

从边框塌陷这种情况看,在书写 CSS 代码进行布局时,如果遇到上下两个并排内容块,

189

最好只设置其中一个块的上或下 margin 即可。

8.7.2 父子关系的外边距塌陷问题

父元素<div>包含子元素<div>的情况,对于有块级子元素的元素计算高度的方式,如果元素没有垂直边框和填充,则其高度就是子元素顶部和底部边缘之间的距离。

在例 8.25 中,子元素设置了上外边距为 50px,按照一般的理解,子元素相对父元素进行定位,子元素应相对父元素的上外边距为 50px,但实际情况如图 8.31 所示。

例 8.25

```
1   <!DOCTYPE html>
2   < html lang = "en">
3   < head >
4       < meta charset = "UTF-8">
5       <title>父子元素边框塌陷的问题</title>
6       < style type = "text/css">
7           .father{
8               height:200px;
9               width:100px;
10              background-color: #ccc;
11          }
12          .son{
13              height:100px;
14              width:50px;
15              background-color: #eee;
16              margin-top:50px;
17          }
18      </style>
19  </head>
20  < body >
21      < div class = "father">
22          < div class = "son"></div>
23      </div>
24  </body>
25  </html>
```

图 8.31　父子元素边框塌陷效果

190

可以通过以下3种方案解决父子< div >中顶部 margin collapse 的问题。

1. 给父元素设置边框,可以将边框设置为透明

解决例8.25中的塌陷问题,可以给父元素< div >添加1px的透明边框或只添加上边框,并将例8.25代码修改为如例8.26所示。从其效果图8.32可以看出,父元素有1px的透明边框,子元素距离父元素的上外边距显示出来为50px。

例 8.26

```
1   <!DOCTYPE html >
2   < html lang = "en">
3   < head >
4       < meta charset = "UTF-8">
5       <title>边框塌陷解决方案</title>
6       < style type = "text/css">
7           .father{
8               height:200px;
9               width:100px;
10              background-color: #ccc;
11              border:1px solid transparent;
12              /*或者 border-top:1px solid transparent; */
13          }
14          .son{
15              height:100px;
16              width:50px;
17              background-color: #eee;
18              margin-top:50px;
19          }
20      </style>
21  </head>
22  < body >
23      < div class = "father">
24          < div class = "son"></div >
25      </div >
26  </body >
27  </html>
```

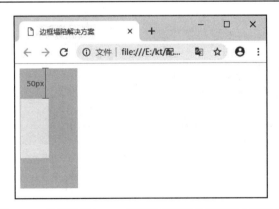

图 8.32 父元素添加 1px 透明边框解决边框塌陷问题效果

2. 给父< div >添加 padding 属性,或至少添加 padding-top

由于 padding 属性在前面的章节讲述得比较详细,在此不做赘述。

3. 父元素设置 overflow:hidden

将例 8.26 中第 11 行代码改写为:

```
overflow:hidden;
```

删除父元素的透明边框,设置父元素溢出属性值为隐藏,子元素的上外边距正常显示。
需要注意的是,无论是兄弟块元素还是父子元素的边框塌陷外边距的计算均遵循以下
3 点。

(1) 当两个外边距值都是正数时,取较大的值。

(2) 当两个外边距值都是负数时,取绝对值较大的值。

(3) 当两个外边距值是一正一负时,取两个值的和。

8.8 应用案例

8.8.1 轮播效果

轮播效果在电子商务、企业网站等页面经常用到,它可以占用较小的网页空间展示较
多的图文内容。由于图像和文字等内容的切换需要配合使用 JavaScript 代码实现,在此仅
对页面效果进行架构。在图 8.33 的轮播效果中,有展示图像、标题或文字介绍、控制图像切
换的左右按钮。

图 8.33 轮播效果图

实现图 8.33 的结构见例 8.27 的网页文件 index. html(此例不涉及 JavaScript 代码,不
能实现轮播,只实现样式)。将所有轮播的元素都放在"lb-box"的< div >中;其中轮播的内

容放在"lb-content"的< div >中；在轮播内容的盒子中，只放了一个"lb_item"的< div >用来
展示轮播的图像和标题；轮播控件可以控制图像左右切换，左右方向箭头采用文本实现，如
例 8.27 第 20 行和第 21 行代码。

例 8.27

```
1    <!DOCTYPE html >
2    < html lang = "en">
3    < head >
4        < meta charset = "UTF-8">
5        <title>轮播效果</title>
6        < link rel = "stylesheet" type = "text/css" href = "lb.css">
7    </head >
8    < body >
9        < div class = "lb_box">
10           <!-- 轮播内容 -->
11           < div class = "lb_content">
12               < div class = "lb_item">
13                   < a href = "♯item1">
14                       < img src = "images/onroad.jpg" alt = "">
15                       < span>在路上</span>
16                   </a >
17               </div >
18           </div >
19           <!-- 轮播控件 -->
20           < div class = "lb_ctrl left"><</div >
21           < div class = "lb_ctrl right">></div >
22       </div >
23   </body >
24   </html >
```

为上述结构添加 CSS 样式文件 lb.css，如例 8.28 所示。

例 8.28

```
1    body{
2        background-color: ♯333;
3    }
4    .lb_box{
5        width:1000px;
6        height:340px;
7        margin:15px auto;
8        position:relative;
9        overflow:hidden;
10   }
11   .lb_content{
12       width:100%;
13       height:100%;
```

```
14      }
15    .lb_item{
16        width:100%;
17        height:100%;
18        position:relative;
19    }
20    .lb_item>a{
21        width:100%;
22        height:100%;
23        display:block;
24    }
25    .lb_item>a>img{
26        width:100%;
27        height:100%;
28    }
29    .lb_item>a>span{
30        width:100%;
31        display:block;
32        position:absolute;
33        bottom:0px;
34        padding:15px;
35        color:#fff;
36        /* rgba用来设置半透明颜色,最后一个参数指定不透明度 */
37        background-color: rgba(0,0,0,0.7);
38    }
39    .lb_ctrl{
40        position:absolute;
41        top:42%;
42        font-size:50px;
43        font-weight:900;
44        background-color:rgba(0,0,0,0.7);
45        color:#fff;
46        cursor:pointer;
47    }
48    .left{
49        left:10px;
50    }
51    .right{
52        right:10px;
53    }
```

注意:例8.28中,必须先将盛放轮播元素的大盒子"lb_box"的定位属性设置为position:relative,其内部的元素(如控制轮播的左右控件、轮播图解释文本)才能相对于它进行"绝对定位"。

8.8.2　民宿推荐

制作如图8.34所示的"推荐民宿"版块效果图,其中,商家头像部分位于其他图层之上,将如何实现呢?

图8.34　"推荐民宿"效果

"推荐民宿"版块分为上下两部分,分别为"推荐民宿"版块标题和民宿产品图文介绍。标题部分使用类样式为"minus-title"的< div >作为容器,产品介绍部分使用类样式为"minus-item"的< div >作为容器。民宿产品图文介绍又分为上下两部分,上部分包含两幅图像,使用类样式为"product-header"的< div >为容器,下部分为产品信息,使用类样式为"product-info"的< div >为容器。具体结构搭建如例8.29所示。

例 8.29

```
1    <!DOCTYPE html >
2    < html lang = "en">
3    < head >
4        < meta charset = "UTF-8">
5        <title>民宿推荐</title>
6        < link rel = "stylesheet" type = "text/css" href = "style.css">
7    </head>
8    < body >
9        < div class = "minsu-title">
10               < span class = "shanghei">推荐民宿</span>
11       </div >
12       < div class = "minsu-item">
```

```
13            < a href = " # ">
14              < div class = "product-header">
15                < img src = "images/home.jpg" alt = "" class = "product-img">
16                < img src = "images/head.png" alt = "" class = "header-img">
17              </div>
18              < div class = "product-info">
19                < p class = "product-title">
20                  【松果·空间】A1 生如夏花·森系 ins 小屋/师大/工大附近/西青大学城/
                    高清巨幕/3 号地铁/天津南站
21                </p>
22                < p class = "sub-title">
23                  整套 1 居室?可住 3 人 | 西青大学城
24                </p>
25                < p class = "product-price">
26                  < span class = "price-icon"> ¥ </span>
27                  188
28                </p>
29              </div>
30            </a>
31          </div>
32    </body>
33    </html>
```

版块标题容器的左上角和右上角（如例 8.30 第 8 行和第 9 行代码）、民宿产品图都是用了圆角边框属性 border-radius。商家头像相对于类样式为"product-header"的盛放两幅图像的容器进行定位属性值为"absolute"的绝对定位，首先需要设置"product-header" < div >的定位属性为 position:relative，如例 8.30 的第 29 行代码。具体样式代码如例 8.30 所示。

例 8.30

```
1     a{
2         text-decoration:none;
3     }
4     .minsu-title{
5         height:36px;
6         width:467px;
7         padding-top:8px;
8         border-top-left-radius:4px;
9         border-top-right-radius:4px;
10        /* 左上和右下圆角边框值 */
11        background-color: rgb(242,197,69);
12    }
13    .minsu-title .shanghei{
14        font-size:18px;
15        font-family:"MFShangHei-Regular" !important;
16        color: #fff;
```

```
17          margin-left:13px;
18          padding:0 5px;
19          margin-right:10px;
20     }
21     .minsu-item{
22          width:445px;
23          border:1px solid #E5E5E5;
24          border-radius:4px;
25          padding:10px;
26     }
27
28     .minsu-item .product-header{
29          position:relative;
30     }
31     .minsu-item .product-header .product-img{
32          width:445px;
33          height:250px;
34          border-radius:4px;
35          /*圆角 4px 边框*/
36          margin-bottom:11px;
37          cursor:pointer;
38          /*光标呈手形显示*/
39     }
40     .minsu-item .product-header .header-img{
41          border:2px solid #FFFFFF;
42          height:48px;
43          width:48px;
44          position:absolute;
45          bottom:-12px;
46          right:15px;
47          z-index:9;
48          border-radius:40px;
49     }
50     .minsu-item .product-info .product-title{
51          font-size:16px;
52          color:#222222;
53          overflow:hidden;
54          text-overflow:ellipsis;
55          white-space:nowrap;
56          margin:7px 0;
57          font-weight:400;
58          width:297px;
59     }
60     .minsu-item .product-info .sub-title{
61          font-size:12px;
62          color:#999999;
63          text-align:left;
64     }
```

```
65    .minsu-item .product-info .product-price{
66        font-family:"numbers";
67        font-weight:500;
68        font-size:22px;
69        color:#FF6600;
70        letter-spacing:-0.8px;
71        padding:4px 0;
72    }
73    .minsu-item .product-info .product-price .price-icon{
74        font-size:16px;
75        letter-spacing:-0.8px;
76    }
```

在例 8.29 中第 20 行代码的产品标题文本很长,在页面中截取部分并添加"…"显示,例 8.30 第 54 行代码使用属性 text-overflow:ellipsis;。在例 8.30 中还使用了部分文字排版属性 letter-spacing 和 white-space,请读者注意效果。

第 9 章
列表项

本章学习目标

- 理解列表项的用途。
- 掌握定义列表的 3 种标记：有序列表< ol ></ol >、无序列表< ul ></ul >、自定义列表< dl ></dl >。
- 掌握列表项标记常用的标记属性。
- 掌握使用列表的 CSS 属性修饰列表项效果的方法。

在制作页面时，列表项标记常用来呈现一组相关的信息或操作，且能够清晰地展示层级关系，如网页的导航条，iOS 系统中可点击的列表项，如图 9.1 所示。

图 9.1　iOS 系统中可点击的列表项

9.1　有序列表

在 HTML 标记中,使用< ol >标记定义有序列表,使用< li >标记定义列表项,且< ol ></ol >和< li ></li >标记都是双标记。有序列表项前有数字或字母缩进。

在例 9.1 中,使用< ol >标记定义有序列表,使用< li >标记定义单个列表项。

例 9.1

```
1    <! DOCTYPE html >
2    < html lang = "en">
3    < head >
4        < meta charset = "UTF-8">
5        < title >有序列表</title >
6    </head >
7    < body >
8    < h3 >设计 4 个基本原则</h3 >
9        < ol >
10           < li >亲密</li >
11           < li >对齐</li >
12           < li >重复</li >
13           < li >对比</li >
14       </ol >
15   </body >
16   </html >
```

本例中,在< ol >标记内使用 4 对< li >标记定义了 4 个列表项,有序列表项目符号默认以 1,2,3,4…显示,如图 9.2 所示。

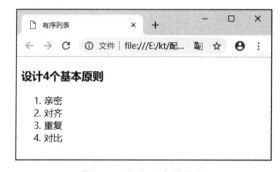

图 9.2　有序列表的效果

9.2　无序列表

无序列表的特点是每个列表项前有符号缩进。使用< ul >标记定义无序列表,< li >标记定义单个的列表项。< ul ></ul >标记也是双标记。

制作如图 9.3 所示的无序列表效果,含有 3 个列表项,故在< ul >标记内嵌套 3 对< li >

标记定义了3个列表项,无序列表的项目符号默认以实心圆点显示,代码如例9.2所示。

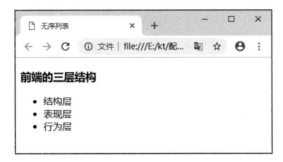

图9.3 无序列表的效果

例9.2

```
1    <! DOCTYPE html >
2    < html lang = "en">
3    < head >
4        < meta charset = "UTF-8">
5        < title >无序列表</title>
6    </head >
7    < body >
8    < h3 >前端的三层结构</h3>
9        < ul >
10           < li >结构层</li>
11           < li >表现层</li>
12           < li >行为层</li>
13       </ul >
14   </body >
15   </html >
```

注意:列表项可以嵌套使用,也就是说在< li >标记中还可以继续嵌套列表项标记,如例9.3所示。

例9.3

```
1    <! DOCTYPE html >
2    < html lang = "en">
3    < head >
4        < meta charset = "UTF-8">
5        < title >列表项的嵌套</title>
6    </head >
7    < body >
8        < ul >
9            < li >
10               蔬菜
11               < ul >
```

```
12              <li>白菜</li>
13              <li>油菜</li>
14              <li>黄瓜</li>
15          </ul>
16      </li>
17      <li>
18          水果
19          <ul>
20              <li>苹果</li>
21              <li>梨</li>
22              <li>香蕉</li>
23          </ul>
24      </li>
25      <li>
26          动物
27          <ul>
28              <li>狗</li>
29              <li>猫</li>
30              <li>蚂蚁</li>
31          </ul>
32      </li>
33   </ul>
34 </body>
35 </html>
```

在例 9.3 中,每个列表项中又嵌套了无序列表,嵌套的无序列表继续缩进显示,效果如图 9.4 所示。

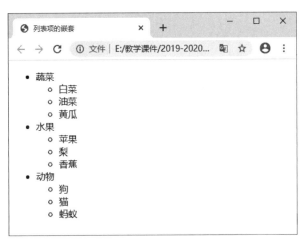

图 9.4　单个列表项中嵌套列表效果

9.3　自定义列表

自定义列表常用于对术语或名词进行解释和描述,自定义的列表项前没有项目符号。其基本语法结构如下:

```
<dl>
    <dt>名词一</dt>
    <dd>名词一的解释 1</dd>
    <dd>名词一的解释 2</dd>
    ...
</dl>
<dl>
    <dt>名词二</dt>
    <dd>名词二的解释 1</dd>
    <dd>名词二的解释 2</dd>
    ...
</dl>
```

其中,<dl>标记用于定义一个列表,是容器;<dt>标记定义列表中的术语或名称;<dd>标记是对术语或名称解释的内容。

在例 9.4 中,对多音字"长"的不同读音进行解释。

例 9.4

```
1    <!DOCTYPE html>
2    < html lang = "en">
3    < head >
4        < meta charset = "UTF-8">
5        <title>自定义列表</title>
6    </head >
7    < body >
8        < h2 >长</h2 >
9        < dl >
10           < dt >[ cháng ]</dt >
11           < dd >两点之间的距离大(跟"短"相对)。</dd>
12           < dt >长度。</dd>
13           < dd >长处。</dd>
14           < dd >(对某事)做得特别好。</dd>
15           < dd >姓</dd>
16       </dl >
17       < dl >
18           < dt >[ zhǎng ]</dt >
19           < dd >领导人。</dd>
20           < dd >生。</dd>
21           < dd >生长;成长。</dd>
22           < dd >增进;增加。</dd>
23       </dl >
24   </body >
25   </html >
```

"长"字有两个读音,使用< dl >标记定义两个列表,每个< dl >标记中使用一对< dt >标记将读音嵌套进去,每对< dd >标记包裹的是该读音下存在的含义,效果如图 9.5 所示。

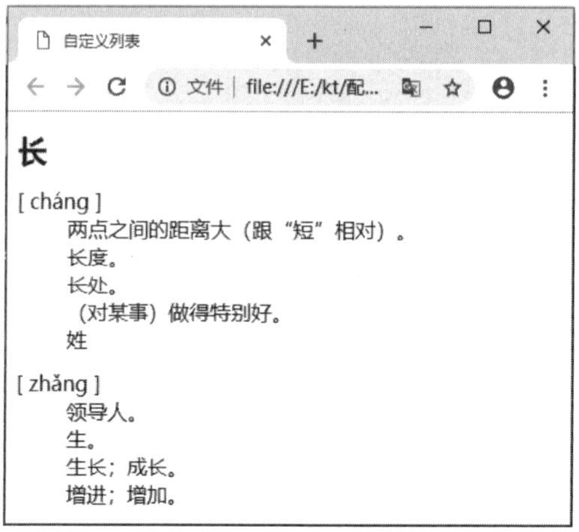

长

[cháng]
    两点之间的距离大（跟"短"相对）。
    长度。
    长处。
    （对某事）做得特别好。
    姓

[zhǎng]
    领导人。
    生。
    生长；成长。
    增进；增加。

图 9.5　自定义列表效果

9.4　列表项的标记属性

9.4.1　type 属性

type 属性规定列表的项目符号的类型。其中,<ul>标记支持的 type 属性值如下。

（1）disc,实心圆,默认值。

（2）square,实心方块。

（3）circle,空心圆。

<ol>标记支持的 type 属性值如下。

（1）1,数字,默认值。

（2）a,小写字母。

（3）A,大写字母。

（4）i,小写希腊字母。

（5）I,大写希腊字母。

在制作网页时,使用标记属性改写样式比较少见。在 HTML 4.01 中,<ul>标记的 type 属性是不被赞成使用的。在 XHTML 1.0 Strict DTD 中,<ul>标记的 type 属性是不被支持的。

在例 9.5 中,定义 3 个列表项,每个列表项使用 type 属性规定了 3 种项目符号的类型,效果如图 9.6 所示。

例 9.5

```
1    <!DOCTYPE html>
2    <html lang = "en">
3    <head>
4        <meta charset = "UTF-8">
5        <title>项目符号列表类型</title>
```

```
6      </head>
7      <body>
8          <h3> type 值为 disc </h3>
9          <ul type = "disc">
10             <li> HTML </li><li> CSS </li><li> Javascript </li>
11         </ul>
12         <h3> type 值为 square </h3>
13         <ul type = "square">
14             <li> HTML </li><li> CSS </li><li> Javascript </li>
15         </ul>
16         <h3> type 值为 circle </h3>
17         <ul type = "circle">
18             <li> HTML </li><li> CSS </li><li> Javascript </li>
19         </ul>
20     </body>
21  </html>
```

图 9.6　<ul>标记的 type 属性不同取值效果

　　如例 9.6 所示,规定<ol>标记的有序列表项目符号样式,如图 9.7 所示。其中,type 属性不仅可以应用于<ul>、<ol>标记,还可以在<li>标记中应用。<li>标记定义单个列表项目符号的样式,但序号仍然按照原顺序排列。

例 9.6

```
1      <!DOCTYPE html>
2      <html lang = "en">
3      <head>
4          <meta charset = "UTF-8">
5          <title>有序列表符号类型</title>
6      </head>
7      <body>
8          <h3> type 值为 1 </h3>
9          <ol type = "1">
```

```
10          <li>HTML</li><li>CSS</li><li>Javascript</li>
11      </ol>
12      <h3>type 值为 a</h3>
13      <ol type="a">
14          <li>HTML</li><li>CSS</li><li>Javascript</li>
15      </ol>
16      <h3>type 值为 A</h3>
17      <ol type="A">
18          <li>HTML</li><li>CSS</li><li>Javascript</li>
19      </ol>
20      <h3>type 值为 i</h3>
21      <ol type="i">
22          <li>HTML</li><li>CSS</li><li>Javascript</li>
23      </ol>
24      <h3>type 值为 I</h3>
25      <ol type="I">
26          <li>HTML</li><li>CSS</li><li>Javascript</li>
27      </ol>
28      <h3>type 属性<li>标记也可以使用</h3>
29      <ol>
30          <li>HTML</li><li type="a">CSS</li><li>Javascript</li>
31      </ol>
32  </body>
33  </html>
```

type值为1

1. HTML
2. CSS
3. Javascript

type值为a

a. HTML
b. CSS
c. Javascript

type值为A

A. HTML
B. CSS
C. Javascript

type值为i

i. HTML
ii. CSS
iii. Javascript

type值为I

I. HTML
II. CSS
III. Javascript

type属性\<li>标记也可以使用

1. HTML
b. CSS
3. Javascript

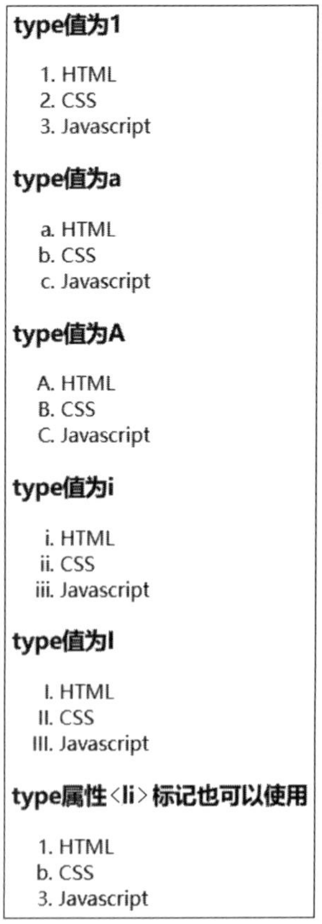

图 9.7 \<ol>标记的 type 不同属性值效果

206

　　从例 9.5 和例 9.6 可以看出,<ul>标记、<ol>标记和<li>标记都是属于块标记,单独占一行显示。

9.4.2　start 属性

　　start 属性可以定义有序列表标识的起始编号,默认为 1。

　　在例 9.7 中定义了有序列表,第 8 行代码使用 start 属性定义起始编号为 3,效果如图 9.8 所示。

例 9.7

```
1    <!DOCTYPE html>
2    < html lang = "en">
3    < head >
4        < meta charset = "UTF-8">
5        < title > start 属性</title>
6    </head >
7    < body >
8        < ol start = "3">
9            < li > a </li>
10           < li > b </li>
11           < li > c </li>
12       </ol >
13   </body >
14   </html>
```

图 9.8　start="3"有序列表效果

9.4.3　value 属性

　　value 属性设置列表项目的值,接下来的列表项目会从该数字开始进行升序排列。

　　注意:value 属性的取值必须是数字,且该属性只能在有序列表(<ol>标记)中使用。

　　在例 9.8 中,分别为 3 对<li>标记使用 value 属性赋值 100、50、1,如图 9.9 所示,使用 value 属性之后的列表项目符号递增 1。

例 9.8

```
1    <!DOCTYPE html>
2    < html lang = "en">
```

```
3    < head >
4        < meta charset = "UTF-8">
5        < title > value 属性</title>
6    </head >
7    < body >
8        < ol >
9            < li value = "100"> Coffee </li>
10           < li value = "50"> Tea </li>
11           < li > Milk </li>
12           < li > Water </li>
13           < li value = "1"> Juice </li>
14           < li > Beer </li>
15       </ol >
16   </body >
17   </html >
```

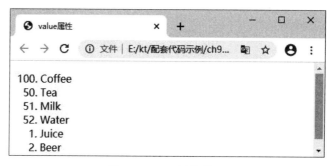

图 9.9 value 属性效果

9.5 列表项的 CSS 属性

列表项的 CSS 属性允许放置、改变列表项标志,也可以将图像作为列表项的标志,具体有以下 4 种。

(1) list-style-type:列表类型。

(2) list-style-image:列表项图像。

(3) list-style-position:列表项目符号位置。

(4) list-style:简写属性。

9.5.1 列表类型

list-style-type 属性用来定义列表所使用的项目符号类型,可选的值及其样式效果如表 9.1 所示。

表 9.1 **list-style-type** 常用属性值及其样式效果

属 性 值	样 式 效 果
none	不使用任何项目符号
disc	实心圆,默认值
circle	空心圆
square	实心矩形
decimal	数字 1、2、3、4、5、6
decimal-leading-zero	以 0 打头的数字,01、02、03、04、05
lower-alpha	小写英文字母,a、b、c、d、e
upper-alpha	大写英文字母,A、B、C、D、E
lower-roman	小写罗马数字,ⅰ、ⅱ、ⅲ、ⅳ、ⅴ
upper-roman	大写罗马数字,Ⅰ、Ⅱ、Ⅲ、Ⅳ、Ⅴ

CSS 无法区分列表到底是有序列表还是无序列表,用 list-style-type 属性定义列表项的符号。可以将有序列表的项目符号显示为实心圆,而非数字作为项目符号。如果项目符号为有序的数字或字母,则这些数字或字母由浏览器自动计算。

如果为<ul>元素或<ol>元素定义 list-style-type 属性,则其内部的所有<li>子元素都使用相同类型的项目符号。也可以为<li>元素单独设置 list-style-type 属性,让其只对该<li>元素有效。

在例 9.9 中,分别为每个列表项定义了项目符号样式,对于数字或字母的样式符号来说,仍然按照顺序由浏览器计算显示,效果如图 9.10 所示。

例 9.9

```
1    <!DOCTYPE html>
2    < html lang = "en">
3    < head >
4        < meta charset = "UTF-8">
5        < title > liststyletype 项目符号</title >
6        < style type = "text/css">
7            .square{list-style-type:square;}
8            .circle{list-style-type:circle;}
9            .decimal-leading-zero{list-style-type:decimal-leading-zero;}
10           .upper-alpha{list-style-type:upper-alpha;}
11           .lower-roman{list-style-type:lower-roman;}
12       </style >
13   </head >
14   < body >
15       < h3 > list-style-type 项目符号的样式</h3>
16       < ul >
17           < li class = "square"> square,定义实心矩形。</li>
18           < li class = "circle"> circle,定义空心圆。</li>
19           < li class = "decimal-leading-zero"> decimal-leading-zero,定义以 0 开头的数
                 字。</li>
```

```
20          <li class = "upper-alpha">upper-alpha,定义大写英文字母。</li>
21          <li class = "lower-roman">lower-roman,定义小写罗马数字样式。</li>
22      </ul>
23  </body>
24  </html>
```

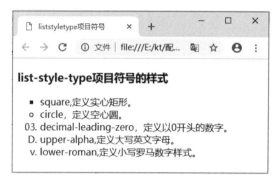

图 9.10　每个列表项 list-style-type 不同取值效果

如果不需要显示项目符号,则可以使用"list-style-type:none;"。这样浏览器原本放置项目符号的位置将不显示任何内容。不过,并不会中断有序列表的计数。通过例9.10可以看出,虽然列表项第2项没有显示项目符号,但列表项第3项的显示仍然是按照顺序显示编号的,如图9.11所示。

例 9.10

```
1   <!DOCTYPE html>
2   <html lang = "en">
3   <head>
4       <meta charset = "UTF-8">
5       <title>Document</title>
6   </head>
7   <body>
8       <ol>
9           <li>列表项 1</li>
10          <li style = "list-style-type:none;">列表项 2</li>
11          <li>列表项 3</li>
12      </ol>
13  </body>
14  </html>
```

图 9.11　不显示项目符号不断序效果

9.5.2 列表项图像

将列表项目符号设置为图像,可以美化列表项,符合页面整体设计风格。

list-style-image 属性定义一个图片作为列表项目符号,语法格式如下:

```
list-style-image:none|url();
```

其中,url()内写图像存放的路径。在选择图像时要尽量选择合适尺寸的图片,否则项目符号可能不清晰。

在例 9.11 中,使用 16px×16px 的图像作为列表项符号,效果如图 9.12 所示。

例 9.11

```
1    <!DOCTYPE html>
2    <html lang = "en">
3    <head>
4        <meta charset = "UTF-8">
5        <title>liststyleimage</title>
6        <style type = "text/css">
7            #imgstyle{
8                list-style-image:url(images/bullet_blue.png);
9            }
10       </style>
11   </head>
12   <body>
13       <h3>列表项的 CSS 属性</h3>
14       <ul id = "imgstyle">
15           <li>list-style-type,列表类型</li>
16           <li>list-style-image,列表项图像</li>
17           <li>list-style-position,列表项位置</li>
18       </ul>
19   </body>
20   </html>
```

图 9.12 list-style-image 属性效果

由于 list-style-image 属性具有继承性,内层所有列表都会使用该图像作为项目符号。如果需要内层列表使用实心矩形,则需要再设置内层列表的 list-style-type 属性。需要注意的是,list-style-image 属性比 list-style-type 属性的优先级要高,还需要把内层列表的 list-style-image 属性重置为 none。

例如,在< ul >标记内嵌套< ul >,内层列表项目符号类型为 square,可以添加如下 CSS 样式:

```
ul ul{list-style-image:none; list-style-type:square;}
```

9.5.3　列表项目符号位置

list-style-position 属性设置指示如何相对于对象内容绘制列表项标记,有以下两种可能的取值,如图 9.13 所示效果。

(1) outside:列表项目符号放置在内容以外,列表项以内容为准对齐。

(2) inside:列表项目符号放置在内容以内,列表项以项目符号为准对齐。

在例 9.12 中定义了两种项目符号位置,效果如图 9.14 所示。

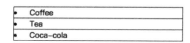

图 9.13　list-style-position 属性不同取值效果

例 9.12

```
1    <! DOCTYPE html >
2    < html lang = "en">
3    < head >
4        < meta charset = "UTF-8">
5        < title > liststyleposition </title >
6        < style type = "text/css">
7            ul{list-style-type:square;}
8            .inside{list-style-position:outside;}
9            .outside{list-style-position: inside;}
10       </style >
11   </head >
12   < body >
13       < ul class = "outside">
14           < li > position 为 outside 的列表,列表项以内容为准对齐。</li >
15           < li > position 为 outside 的列表,列表项以内容为准对齐。</li >
16       </ul >
17       < ul class = "inside">
18           < li > position 为 inside 的列表,列表项以项目符号为准对齐。</li >
19           < li > position 为 inside 的列表,列表项以项目符号为准对齐。</li >
20       </ul >
21   </body >
22   </html >
```

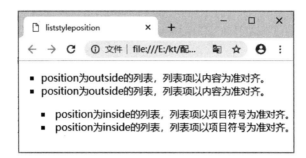

图 9.14　list-style-position 属性不同取值效果

9.5.4　简写属性

在一个声明中设置所有的列表属性,涵盖了所有样式表的元素。该属性只可应用于< li >标记,其他的元素可设置 display 的属性值为 list-item。

list-style 属性的语法格式如下:

list-style:list-style-type | list-style-position | list-style-image

例如,改写例 9.11,设置项目符号为 square 实心矩形,并设置项目符号图像路径,设置项目符号位置为 inside,如例 9.13 所示。

例 9.13

```
1    <!DOCTYPE html >
2    < html lang = "en">
3    < head >
4        < meta charset = "UTF-8">
5        < title > liststyle </title >
6        < style type = "text/css">
7            # imgstyle{
8                list-style:square inside url( images/bullet_blue.png) ;
9            }
10        </style >
11    </head >
12    < body >
13        < h3 >列表项的 CSS 属性 </h3 >
14        < ul id = "imgstyle">
15            < li > list-style-type,列表类型 </li >
16            < li > list-style-image,列表项图像 </li >
17            < li > list-style-position,列表项位置 </li >
18        </ul >
19    </body >
20    </html >
```

当 list-style-image 属性和 list-style-type 属性都被指定时，list-style-image 属性优先，效果如图 9.15 所示。如果指定 list-style-image 属性值为 none 或者指定 URL 地址的图像不能被显示，则将显示 list-style-type 指定的符号样式。

图 9.15　既指定 list-style-type 属性值又指定
list-style-image 属性值的效果

9.6　应用案例

9.6.1　新闻列表

在网页中经常出现某个版块是由栏目名称与该栏目最近更新或热点文章的标题列表组成的，类似图 9.16 所示，其中文章标题列表经常采用列表项标记搭建结构。

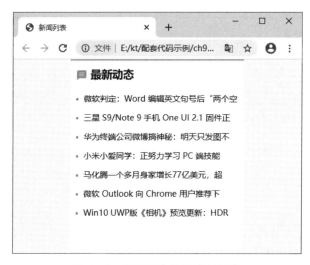

图 9.16　新闻列表最新动态版块

如图 9.16 所示效果中，可以将每个文章标题定义成一个列表项< li >，所有的文档标题定义在一个项目列表< ul >中，栏目标题为了增加搜索引擎收录的权重采用三级标题标记< h3 >，每条新闻的项目符号使用< em >标记转化为行内块元素，并设置宽度、高度、背景颜色来实现，如例 9.14 所示。

例 9.14

```
1    <!DOCTYPE html >
2    < html lang = "en">
3    < head >
4        < meta charset = "UTF-8">
5        < title >新闻列表</title>
6        < style type = "text/css">
7            body{
8                margin:0;
9                padding:0;
10               background-color:# f8f8f8;
11           }
12           .list{
13               border-top:2px solid #41cddf;
14               width:300px;
15               margin:0 auto;
16               background-color:# fff;
17               padding-bottom:40px;
18           }
19           /* .list 的 h3 子元素前边添加图像 */
20           .list h3::before{
21               display:inline-block;
22               height:20px;
23               width:20px;
24               content:"";
25               background:url("news.png") no-repeat center center/100% 100%;
26               vertical-align:text-bottom;
27           }
28           .list h3{
29               margin-left:10px;
30               margin-top:10px;
31               margin-bottom:0px;
32           }
33           .list h3 span{
34               margin-left:5px;
35           }
36           .list ul{
37               padding:0px;
38               margin:0px;
39               padding:10px;
40           }
41           .list ul li{
42               list-style:none;
43               margin-top:10px;
44           }
45           .list ul li a{
46               text-decoration:none;
47               font-family:"Microsoft YaHei";
48               font-size:14px;
49               color:#000;
```

```
50              line-height:18px;
51              display:inline-block;
52              width:100%;
53              overflow:hidden;
54          }
55          /* 列表项符号 */
56          .list ul li a em{
57              width:4px;
58              height:4px;
59              background-color:#41cddf;
60              display:inline-block;
61              vertical-align:middle;
62              margin-right:5px;
63          }
64          .list ul li a:hover{
65              color:#41cddf;
66          }
67      </style>
68  </head>
69  <body>
70      <div class="list">
71          <h3><span>最新动态</span></h3>
72          <ul>
73              <li>
74                  <a href="#">
75                      <em></em>
76                      微软判定：Word 编辑英文句号后"两个空
77                  </a>
78              </li>
79              <li>
80                  <a href="#">
81                      <em></em>
82                      三星 S9/Note 9 手机 One UI 2.1 固件正
83                  </a>
84              </li>
85              <li>
86                  <a href="#">
87                      <em></em>
88                      华为终端公司微博搞神秘：明天只发图不
89                  </a>
90              </li>
91              <li>
92                  <a href="#">
93                      <em></em>
94                      小米小爱同学：正努力学习 PC 端技能
95                  </a>
96              </li>
97              <li>
98                  <a href="#">
99                      <em></em>
100                     马化腾一个多月身家增长 77 亿美元,超
101                 </a>
```

```
102              </li>
103              <li>
104                  <a href = "♯">
105                      <em></em>
106                      微软 Outlook 向 Chrome 用户推荐下
107                  </a>
108              </li>
109              <li>
110                  <a href = "♯">
111                      <em></em>
112                      Win10 UWP 版《相机》预览更新：HDR
113                  </a>
114              </li>
115          </ul>
116      </div>
117  </body>
118  </html>
```

例 9.14 中，栏目名称前的小图标使用∷before 伪元素实现（类似于∷after 伪类），∷before 伪元素用于向元素头部添加内容，这些内容不会出现在 DOM 结构中，仅在使用 CSS 渲染层加入，如第 20～27 行代码所示。本例中，在栏目标题文本之前插入图标图像，先插入一个行内块元素，设置其与图标图像素材宽度和高度相等，并设置图标素材为该行内块元素的背景图像，将 content 属性值设置为空来实现。

9.6.2 垂直导航

列表项标记经常用来搭建导航的结构，如图 9.17 所示垂直方向的导航。

图 9.17 垂直导航

使用列表项标记制作垂直导航相对简单,因为列表项本身就是独自占一行显示的,在使用时需使用 list-style:none 将列表项的项目符号隐藏起来,再设置背景颜色、边框样式等即可,具体如例 9.15 所示。

例 9.15

```
1    <!DOCTYPE html>
2    <html lang = "en">
3    <head>
4        <meta charset = "UTF-8">
5        <title>垂直导航</title>
6        <style type = "text/css">
7            body{
8                padding:0;
9                margin:0;
10           }
11           ul{
12               list-style:none;
13               margin:0;
14               padding:0;
15           }
16           a{
17               text-decoration:none;
18           }
19           .nav{
20               width:150px;
21               margin:0 auto;
22           }
23           .ball{
24               width:150px;
25               height:188px;
26               background:url(ball.png);
27           }
28           #menu{
29               width:126px;
30               background:#ff652f;
31               margin:0 auto;
32               position:relative;
33               left:1px;
34           }
35           #menu li{
36               width:102px;
37               margin:0 auto;
38           }
39           #menu li a{
40               display:block;
41               width:102px;
42               height:44px;
```

```
43              line-height:44px;
44              text-align:center;
45              border-bottom:1px dashed #fff;
46              color:#fff;
47          }
48          #menu li a:hover{
49              display:block;
50              width:102px;
51              height:44px;
52              line-height:44px;
53              text-align:center;
54              border-bottom:1px dashed #fff;
55              color:#fff;
56              background:#ff9c66;
57          }
58          .bottom{
59              width:126px;
60              margin:0 auto;
61              position:relative;
62              top:-1px;
63          }
64      </style>
65  </head>
66  <body>
67      <div class="nav">
68          <div class="ball"></div>
69          <ul id="menu">
70              <li>
71                  <a href="#">大牌来袭</a>
72              </li>
73              <li>
74                  <a href="#">TOP 新品</a>
75              </li>
76              <li>
77                  <a href="#">潮童专畅</a>
78              </li>
79              <li>
80                  <a href="#">萌宝秀场</a>
81              </li>
82              <li>
83                  <a href="#">童鞋穿搭</a>
84              </li>
85              <li>
86                  <a href="#">亲子孕妈</a>
87              </li>
88          </ul>
89          <div class="bottom">
90              <a href="#top">
91                  <img src="gotop.png" all="">
```

```
92                    </a>
93                </div>
94            </div>
95      </body>
96      </html>
```

注意：在一个块元素中，实现文本垂直方向居中显示，设置块元素高度和文本行高的值相等即可，如例 9.15 中第 42、43 行代码和第 52、53 行代码。

9.6.3　横向导航＋图＋标题

利用列表项标记制作横向导航也是列表项的常见应用形式。

在图 9.18 鞋分类的水平导航中，中间部分的图片与文字组成的快速导航，采用< dt >、< dd >、< dl >标记搭建结构，其中将图像作为< dd >标记的背景图像，将标题的超链接放在< dt >标记中实现，结构代码具体如例 9.16 所示。

图 9.18　快速导航与横向导航

例 9.16

```
1     <!DOCTYPE html>
2     < html lang = "en">
3     < head >
4         < meta charset = "UTF-8">
5         < title>时尚女鞋</title>
6         < link rel = "stylesheet" type = "text/css" href = "style.css">
```

```
7    </head>
8    <body>
9        <div class = "qnav">
10           <img src = "images/qnaventr.jpg" alt = "">
11       </div>
12       <!-- 商品图文快速链接 -->
13       <div class = "goodslist">
14           <dl>
15               <dt class = "shoes1"></dt>
16               <dd>
17                   <a href = "#">早秋新品</a>
18               </dd>
19           </dl>
20           <dl class = "ml12">
21               <dt class = "shoes2"></dt>
22               <dd>
23                   <a href = "#">爆款凉鞋</a>
24               </dd>
25           </dl>
26           <dl class = "ml12">
27               <dt class = "shoes3"></dt>
28               <dd>
29                   <a href = "#">冬靴上新</a>
30               </dd>
31           </dl>
32       </div>
33       <!-- 导航栏 -->
34       <div class = "navbox">
35           <ul class = "nav">
36               <li>
37                   <a href = "#">凉鞋热卖</a>
38               </li>
39               <li>
40                   <a href = "#">高跟单鞋</a>
41               </li>
42               <li>
43                   <a href = "#">细跟单鞋</a>
44               </li>
45               <li>
46                   <a href = "#">粗跟单鞋</a>
47               </li>
48               <li>
49                   <a href = "#">中低跟单鞋</a>
50               </li>
51               <li>
52                   <a href = "#">时尚中空</a>
53               </li>
54           </ul>
55       </div>
```

```
56        < div class = "backhome">
57            < a href = "index.html">
58                < img src = "images/gohome.jpg" alt = "">
59            </a>
60        </div>
61    </body>
62    </html>
```

例 9.16 中第 6 行代码引入的样式表文件 style.css 如例 9.17 所示,其中第 1~12 代码行用来清除浏览器的默认样式。

例 9.17

```
1    body,dl,dt,dd,ul,li{
2        margin: 0;
3        padding:0;
4        color: #2d2d2d;
5        font-family:"Microsoft Yahei";
6    }
7    a{
8        text-decoration:none;
9    }
10   a img{
11       border:0;
12   }
13   .qnav{
14       width:100%;
15       text-align:center;
16       padding-top:12px;
17   }
18   .goodslist{
19       width:666px;
20       height:246px;
21       margin:40px auto;
22   }
23   .goodslist dl{
24       float:left;
25       height:246px;
26       width:214px;
27   }
28   .goodslist .shoes1,.goodslist .shoes2,.goodslist .shoes3{
29       height:195px;
30       width:214px;
31   }
32   .goodslist .shoes1{
33       background:url(images/shoes1.jpg) no-repeat;
34   }
```

```
35    .goodslist .shoes2{
36        background:url(images/shoes2.jpg) no-repeat;
37    }
38    .goodslist .shoes3{
39        background:url(images/shoes3.jpg) no-repeat;
40    }
41    .ml12{
42        margin-left:12px;
43    }
44    .goodslist a:link,.goodslist a:visited{
45        display:block;
46        text-align:center;
47        color:#2d2d2d;
48        font-weight:bold;
49    }
50    .goodslist dd{
51        padding-top:12px;
52    }
53    .navbox{
54        width:100%;
55        height:72px;
56        background-color:#f8f8f8;
57    }
58    .navbox .nav{
59        width:666px;
60        margin:0 auto;
61    }
62    .navbox .nav li{
63        list-style:none;
64        float:left;
65        height:72px;
66        line-height:72px;
67        padding-left:5px;
68        padding-right:38px;
69    }
70    .navbox .nav li:hover{
71        background-color:#2d2d2d;
72    }
73    .navbox .nav li a:link,.navbox .nav li a:visited{
74        color:#2d2d2d;
75        font-weight:bold;
76    }
77    .navbox .nav li:hover a{
78        color:#f8f8f8;
79    }
80    .backhome{
81        width:100%;
82        text-align:center;
83        margin-top:60px;
84    }
```

利用列表项制作横向导航时,由于单个列表项<li>标记为块元素,需要设置<li>标记的样式为 float:left,使所有由<li>标记定义的栏目标题在一行显示,如例 9.17 第 64 行代码。

使用自定义列表展示并列关系的图文信息时,<dl>标记定义的是块元素,需设置<dl>标记的样式为 float:left,使所有的列表在一行展示,如例 9.17 第 24 行代码。

9.6.4 二级下拉菜单

有些导航栏带有二级下拉菜单,当鼠标指针悬停在一级菜单上的时候,会显示二级菜单,如图 9.19 所示。

图 9.19 带二级下拉菜单的导航

图 9.19 中的菜单项使用<ul>标记、<li>标记实现,在<li>标记中使用<dl>标记、<dt>标记、<dd>标记定义一级菜单和二级菜单。其中,一级菜单定义在<dt>标记中,二级菜单使用<dd>标记来定义,且由于导航具有链接的作用,菜单标题文本还需定义在超链接<a>标记中,如例 9.18 所示。

例 9.18

```
1    <!DOCTYPE html>
2    < html lang = "en">
3    < head >
4        < meta charset = "UTF-8">
5        <title>二级菜单</title>
6        < link rel = "stylesheet" type = "text/css" href = "nav.css">
7    </head >
8    < body >
9        < ul id = "menu"
10           < li >
11               < dl >
12                   < dt >< a href = "#">网站首页</a ></dt >
13               </dl >
14           </li >
15           < li class = "s">|</li >
16           < li >
17               < dl >
```

18	`<dt><a href="#">关于我们</a></dt>`
19	`<dd><a href="#">企业简介</a></dd>`
20	`<dd><a href="#">组织架构</a></dd>`
21	`<dd><a href="#">企业资质</a></dd>`
22	`</dl>`
23	`</li>`
24	`<li class="s">|</li>`
25	`<li>`
26	`<dl>`
27	`<dt><a href="#">资质认定</a></dt>`
28	`<dd><a href="#">国家高新认证</a></dd>`
29	`<dd><a href="#">软件企业认证</a></dd>`
30	`<dd><a href="#">深圳市高企认证</a></dd>`
31	`<dd><a href="#">其他认证</a></dd>`
32	`</dl>`
33	`</li>`
34	`<li class="s">|</li>`
35	`<li>`
36	`<dl>`
37	`<dt><a href="#">政府扶持</a></dt>`
38	`<dd><a href="#">深圳市政府扶持</a></dd>`
39	`<dd><a href="#">各区级扶持</a></dd>`
40	`<dd><a href="#">广东省政府扶持</a></dd>`
41	`<dd><a href="#">国家和部级扶持</a></dd>`
42	`</dl>`
43	`</li>`
44	`<li class="s">|</li>`
45	`<li>`
46	`<dl>`
47	`<dt><a href="#">知识产权</a></dt>`
48	`<dd><a href="#">知识产权申请</a></dd>`
49	`<dd><a href="#">知识产权转让</a></dd>`
50	`<dd><a href="#">技术咨询</a></dd>`
51	`<dd><a href="#">技术成果鉴定</a></dd>`
52	`</dl>`
53	`</li>`
54	`<li class="s">|</li>`
55	`<li>`
56	`<dl>`
57	`<dt><a href="#">上市服务</a></dt>`
58	`<dd><a href="#">上市条件及流程</a></dd>`
59	`<dd><a href="#">咨询顾问</a></dd>`
60	`</dl>`
61	`</li>`
62	`<li class="s">|</li>`
63	`<li>`
64	`<dl>`
65	`<dt><a href="#">人才招聘</a></dt>`
66	`</dl>`

```
67              </li>
68              < li class = "s">|</li>
69              < li >
70                  < dl >
71                      < dt >< a href = "#">联系我们</a></dt>
72                  </dl>
73              </li>
74          </ul>
75      </body>
76      </html>
```

给例 9.18 添加的样式表文件如例 9.19 所示。

例 9.19

```
1   body, ul{
2       margin:0;
3       padding:0;
4       font-family:"Microsoft Yahei";
5   }
6   ul{
7       list-style:none;
8       font-size:14px;
9       font-weight:bold;
10  }
11  a{
12      text-decoration:none;
13  }
14  #menu{
15      width:1000px;
16      margin:0 auto;
17      height:50px;
18      line-height:50px;
19      background:#000;
20      color:#333;
21  }
22  #menu li{
23      float:left;
24      padding:0;
25      width:115px;
26      position:relative;
27      z-index:1;
28  }
29  #menu .s{
30      float:left;
31      width:3px;
32      text-align:center;
```

```
33        color:#D4D4D4;
34        font-size:12px;
35    }
36    #menu li dl{
37        width:115px;
38        margin:0;
39        padding:0 0 10px 0;
40    }
41    /*菜单项 dt*/
42    #menu li dt{
43        margin:0;
44        text-align:center;
45    }
46    #menu li dt a,#menu li dt a:visited{
47        display:block;
48        width:115px;
49        height:50px;
50        color:#fff;
51        text-align:center;
52    }
53    #menu li dt a:hover{
54        height:42px;
55        border-bottom:8px solid orange;
56    }
57    #menu li dd{
58        width:97px;
59        text-align:center;
60        padding:0 8px;
61        background:#fff;
62        border:1px solid #e6e4e3;
63        border-top:0;
64        position:relative;
65        left:-40px;
66    }
67    #menu li dd a,#menu li dd a:visited{
68        display:block;
69        padding:8px 0;
70        height:28px;
71        line-height:28px;
72        color:#000;
73        font-size:12px;
74        font-weight:bold;
75        text-align:center;
76    }
77    #menu li dd a:hover{
78        color:orange;
79    }
80    /*关闭二级菜单*/
81    #menu li dd{
```

```
82        display:none;
83    }
84    /* 鼠标响应菜单 */
85    #menu li:hover dd{
86        display:block;
87    }
```

其中,默认情况需要隐藏定义二级菜单的< dd >标记,当鼠标指针移动到一级菜单上时再显示,如例 9.19 第 81~87 行代码所示。

第 10 章

表单

本章学习目标

- 理解表单页面的概念。
- 掌握表单标记及其属性。
- 掌握常用的表单控件及其属性的用法。
- 掌握表单页面的美化方法。

本章首先介绍什么是表单页面,表单页面的作用是什么;然后介绍常用的表单标记及其属性;最后通过案例让读者了解表单页面的制作与美化。

10.1 什么是表单

HTML 表单的作用是接收用户的输入,当用户提交表单时,浏览器将用户在表单输入的数据打包发送给服务器,实现用户与 Web 服务器的交互,如图 10.1 所示。

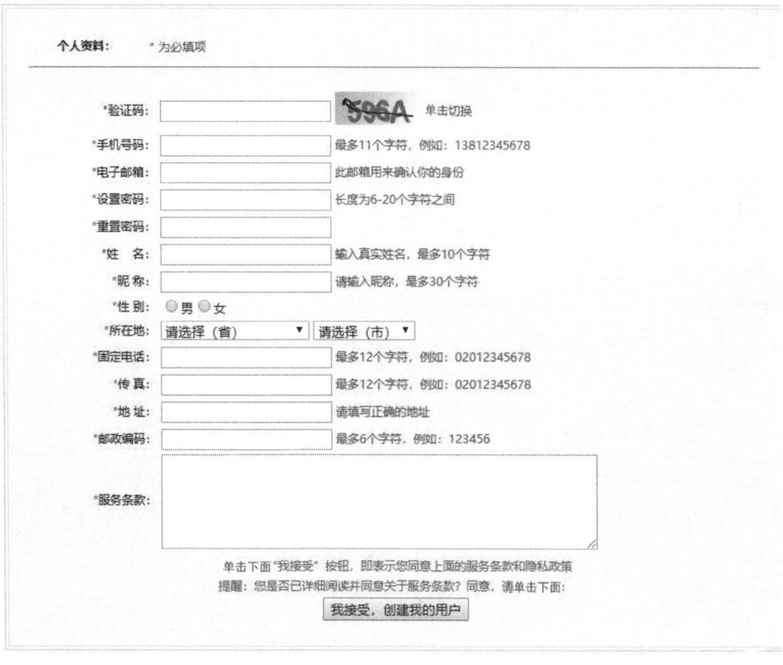

个人资料:	*为必填项
*验证码:	[____] **596A** 单击切换
*手机号码:	[____] 最多11个字符,例如: 13812345678
*电子邮箱:	[____] 此邮箱用来确认你的身份
*设置密码:	[____] 长度为6-20个字符之间
*重置密码:	[____]
*姓 名:	[____] 输入真实姓名,最多10个字符
*昵 称:	[____] 请输入昵称,最多30个字符
*性 别:	○男 ○女
*所在地:	请选择(省)▼ 请选择(市)▼
*固定电话:	[____] 最多12个字符,例如: 02012345678
*传 真:	[____] 最多12个字符,例如: 02012345678
*地 址:	[____] 请填写正确的地址
*邮政编码:	[____] 最多6个字符,例如: 123456
*服务条款:	[_____]

单击下面"我接受"按钮,即表示您同意上面的服务条款和隐私政策
提醒: 您是否已详细阅读并同意关于服务条款? 同意,请单击下面:

[我接受,创建我的用户]

图 10.1 用户注册表单页面

表单元素指的是页面上不同类型的控件,如文本框、单选按钮、复选框、提交按钮、多行文本框、下拉列表等。

10.2 ＜form＞表单

HTML 表单用于收集用户的输入。＜form＞＜/form＞标记用于定义表单的开始和结束,表单内部包含若干表单元素(如文本输入框、列表框、单选按钮、提交按钮等)供用户输入信息,语法格式如下:

```
< form method = "" action = "">
    表单元素…
</form>
```

注意:＜form＞元素是块元素,前后会产生折行。＜form＞标记的属性如下。

(1) method:向服务器发送请求的方法。

(2) name:表单的名称。

(3) action:表单请求的路径。

(4) target:指定 action 的 URL 在哪里打开。

1. method 属性

提交表单会提交用户在表单元素填写或选择的数据与后台数据进行交互。method 属性用于定义提交表单的方法,取值有以下两种。

(1) get:常见的提交方法,将请求的参数直接拼接在请求路径的后面。这样的方法会把参数暴露在地址栏,不安全,且有长度限制,如/test/demo_form. asp? name = value1&password = value2。

(2) post:将请求方法保存在请求的 HTTP 消息主体中,地址栏不出现请求的参数,相对安全,代码如下。

```
POST /test/demo_form.asp HTTP/1.1
Host:w3schools.com
name1 = value1&name2 = value2
```

2. name 属性

name 属性定义表单的名称。该属性一般与 id 属性统一(id 属性是元素的唯一标识,在同一个 HTML 文档中,id 不可以重复)。

定义与不定义该属性从页面展示效果上来看没有任何改变,但其在前后台获取表达数据时非常有用。

3. action 属性

action 属性用来接受表单请求及数据的具体地址。

4. target 属性

target 属性指定在何处打开表单中的 action-URL。可能的取值如下。

(1) _blank：指定 action 的 URL 在新浏览器窗口打开,默认值。

(2) _parent：指定 action 的 URL 在当前父浏览器窗口打开。

(3) _self：指定 action 的 URL 在当前浏览器窗口打开。

(4) _top：指定 action 的 URL 在顶级浏览器窗口打开。

```
<form id = "myform" name = "myform" method = "post" action = "test/reg.php"  target = "_self">
    …
</form>
```

上述代码中,定义了表单的 id 和 name 属性都为 myform,使用 post 方法将表单内的数据提交给路径为 test/reg.php 的页面,在本窗口打开页面。

10.3 表单控件

10.3.1 <input>

<input/>为单标记,大部分表单元素都使用<input/>标记来表示。该标记有如下 4 个重要属性。

(1) type：该属性取不同的值,在页面显示的控件类型或输入字段不同。

(2) value：控件的值。

(3) id：控件唯一的标识。

(4) name：控件的名称。

下面对 type 属性取不同的值表示的控件类型分别介绍。

1. <input type="text">文本框

该定义用于文本输入的单行输入字段。

2. <input type="password">密码域

该定义用于密码域。在密码域中用户输入的文本不会直接被显示出来。

在例 10.1 中,定义了普通文本框和密码域,输入用户名和密码后控件显示效果如图 10.2 所示。

例 10.1

```
1    <!DOCTYPE html>
2    <html lang = "en">
3    <head>
```

```
4          < meta charset = "UTF-8">
5          <title>文本框和密码域</title>
6      </head>
7      < body >
8          < form action = "">
9              用户名: < br >
10             < input type = "text" name = "username">< br >
11             密码: < br >
12             < input type = "password" name = "userpwd">
13         </form >
14     </body >
15     </html >
```

图 10.2　文本框和密码域显示效果

文本框与密码域还有如下常用属性。

(1) maxlength：限制输入的字符数，设置该属性后，输入超过限定字符数的字符将不再显示。

(2) readonly：设置文本控件只读。

3. < input type＝"radio">单选按钮

单选按钮允许用户在选项中选择其中之一。单选按钮常用的属性如下。

(1) value：选中单选按钮时，将该单选按钮的 value 属性值发送到服务器。

(2) name：实现单选按钮的分组，一组单选按钮的 name 属性值必须相同。

(3) checked：设置单选按钮在页面加载时是否预先被选定。注意：checked 属性的值可以是 true 或 false，或者当设置当前单选按钮在页面加载时被预先选中，可以写 checked＝"checked"或只写 checked。

在例 10.2 中，给两个单选按钮设置 name 属性值都为 sex，使它们成组实现单选；设置了不同的 value 属性值在选择不同的选项时将对应的 value 值存入数据库；将选"男"的单选按钮设置为 checked 属性，在页面加载完成时这个单选按钮将处于被选中状态。

例 10.2

```
1      <! DOCTYPE html >
2      < html lang = "en">
```

```
3     < head >
4         < meta charset = "UTF-8">
5         < title>选择性别</title>
6     </head >
7     < body >
8         性别：
9         < input type = "radio" name = "sex" value = "female"> 女
10        < input type = "radio" name = "sex" value = "male" checked > 男
11    </body >
12    </html >
```

在图 10.3 中，"女"和"男"字符之前的按钮为单选按钮。

图 10.3　单选按钮效果

4. < input type＝"checkbox">复选框

复选框是提供多项选择的按钮。常用的属性有 id、name、value、checked，这些属性的含义与单选按钮中的一样。

在例 10.3 中，定义了 4 个复选框使它们的 name 属性值都为 fruits，用来选择水果偏好；为 4 个复选框同时设置了 checked 属性，页面加载完成后它们都处于被选中状态，效果如图 10.4 所示。

例 10.3

```
1     <!DOCTYPE html >
2     < html lang = "en">
3     < head >
4         < meta charset = "UTF-8">
5         < title>复选实现</title>
6     </head >
7     < body >
8         < form action = "">
9             选择您喜欢的水果： < br >
10            < input type = "checkbox" name = "fruits" value = "banner" checked > 香蕉
11            < input type = "checkbox" name = "fruits" value = "apple" checked > 苹果
12            < input type = "checkbox" name = "fruits" value = "pineapple" checked >菠萝
13            < input type = "checkbox" name = "fruits" value = "orange" checked > 橘子
14        </form >
15    </body >
16    </html >
```

图 10.4　复选框效果

将例 10.3 中再增加一组复选的内容,用户选择喜欢的书籍类型,对于用来选择书籍类型的复选框来说,需要用另一个 name 属性值来标识成组,<body>中的代码改为如下所示。

```
1    < form action = "">
2        选择您喜欢的水果: < br >
3        < input type = "checkbox" name = "fruits" value = "banner" checked > 香蕉
4        < input type = "checkbox" name = "fruits" value = "apple" checked > 苹果
5        < input type = "checkbox" name = "fruits" value = "pineapple" checked >菠萝
6        < input type = "checkbox" name = "fruits" value = "orange" checked > 橘子
7        < br >
8        选择您喜欢的书籍: < br >
9        < input type = "checkbox" name = "books"> 励志类
10       < input type = "checkbox" name = "books"> 历史类
11       < input type = "checkbox" name = "books"> 诗词类
12       < input type = "checkbox" name = "books"> 科普类
13   </form >
```

上述代码中,第 3~6 行的 name 属性值为 fruits,都是用来选择用户喜好的水果的;第 9~12 行复选框的 name 属性值为 books,都是用来选择用户喜爱的书籍的。不同的 name 属性值在页面效果上虽然看起来没有任何差异,但是在获取控件值时有用。

5. 按钮

HTML 表单中的按钮主要有以下 3 种。

(1) < input type="submit"/>,提交按钮,传送表单数据到服务器端或其他程序处理。

(2) < input type="reset"/>,重置按钮,清空表单已填写内容,把所有表单控件设置为默认值。

(3) < input type="button"/>,普通按钮,用于执行客户端脚本。

按钮的主要属性为 value,定义按钮的标题文本。

使用<input>标记定义按钮,它是一个空标记(没有元素内容),不能放置元素内容。

除了上述定义按钮的方法,< button >标记是用来定义按钮的常用标记。< button >标记为双标记,在该标记中可以放置一些内容(如文本、图像等)。

使用< button >标记定义按钮的语法如下:

```
< button type = "submit">内容</button >
```

< button >标记中的 type 属性是用来规定按钮类型的,建议始终规定该属性,因为每个

浏览器 type 属性的默认值不一样。

在例 10.4 中分别为 type 属性指定值为 button、submit、reset，分别定义了普通按钮、提交按钮、重置按钮，效果如图 10.5 所示。

例 10.4

```
1    <!DOCTYPE html>
2    <html lang = "en">
3    <head>
4        <meta charset = "UTF-8">
5        <title>button 定义按钮</title>
6    </head>
7    <body>
8        <body>
9            <button type = "button">普通按钮</button><br><br>
10           <button type = "submit">提交按钮</button><br><br>
11           <button type = "reset">重置按钮</button>
12       </body>
13   </body>
14   </html>
```

图 10.5 button 定义的 3 种类型按钮效果

6. <input type="image"/>图像形式的提交按钮

当 type 属性值为 image 时，用来定义以图像显示的提交按钮。其主要属性如下。

(1) src：定义图像的路径。

(2) alt：定义图像的替代文本。

在例 10.5 中，定义了一个图像提交按钮，并使用 CSS 定义了表单控件和页面的样式。

例 10.5

```
1    <!DOCTYPE html>
2    <html lang = "en">
3    <head>
4        <meta charset = "UTF-8">
5        <title>后台登录</title>
6        <style type = "text/css">
```

```
7              body{color:#fff;background-color:#4578c1;}
8              .txth{height:23px;}
9          </style>
10     </head>
11     <body>
12         <h2>考试系统</h2>
13         <form action="success.html" method="post" id="myform" name="myform">
14             用户名 <input type="text" name="username" class="txth" />
15             密码 <input type="password" name="pwd" class="txth">
16             <input type="image" src="images/loginbtn.png" style="position:relative;
               top:10px;">
17         </form>
18     </body>
19 </html>
```

使用内嵌样式表定义文本颜色为白色,整个页面的背景颜色为蓝色;定义文本框和密码域的高度为23px,使用图像控件,图像名为 loginbtn.png 作为按钮,如图 10.6 所示。

图 10.6　考试系统用户登录

7. <input type="hidden"/>隐藏域

隐藏域是用户看不到的信息。在实际应用中,如果有些值需要被提交,但不希望用户看到就可以使用隐藏域。

在例 10.6 中,当用户输入账号和密码后,单击提交按钮,文本框、密码域和隐藏域的值都会被提交到服务器端。在图 10.7 中,可以看到任何除隐藏域之外的控件。隐藏域虽然在浏览器窗口不可见,但它存储的 value 值同样会被传到服务器端。在本例中,填完账号和密码,单击重置按钮,文本框和密码域会清空,因为这两个控件未定义默认的 value 值。

例 10.6

```
1  <!DOCTYPE html>
2  <html lang="en">
3  <head>
4      <meta charset="UTF-8">
5      <title>登录</title>
```

```
6    </head>
7    <body>
8        <form name = "myform" action = "login.php" method = "post">
9            账号：<input type = "text" name = "username"><br>
10           密码：<input type = "password" name = "pw"><br>
11           <input type = "submit" value = "提交">
12           <input type = "reset" value = "重置">
13           <input type = "hidden" name = "hd" value = "10">
14       </form>
15   </body>
16   </html>
```

图 10.7　谷歌浏览器的调试窗口可以看到隐藏域的内容

需要注意的是：不建议使用隐藏域来提交重要的信息。使用隐藏域只是为了让页面更友好而已，没有任何安全性。从图 10.7 可以看出，通过浏览器的调试窗口，用户可以轻松获取控件的值。

8. <label></label>标记

<label></label>标记为<input>元素定义标注。<label>标记不会呈现任何特殊的效果。当用户在<label>标记内单击文本时，就会触发关联的<input>控件。当用户选择该标记时，浏览器会自动将焦点转到和标记相关的表单控件上。该标记的重要属性如下。

for：该属性值与<label>标记相关控件的 id 值相同。

如果将例 10.6 中表单标记内的代码修改如下：

```
<label for = "username">账号：</label><input type = "text" id = "username" name = "username">
<br>
<label for = "pw">密码：</label><input type = "password" id = "pw" name = "pw"><br>
<input type = "submit" value = "提交">
<input type = "reset" value = "重置">
<input type = "hidden" name = "hd" value = "10">
```

当单击"账号"或"密码"文本时,后边的控件会获得焦点出现光标闪动。

在例 10.7 中,将"男""女"标注控件使用 for 属性和单选按钮关联起来,当单击文本时,相关联的单选按钮也会被选中。

例 10.7

```
1    <!DOCTYPE html>
2    <html lang = "en">
3    <head>
4        <meta charset = "UTF-8">
5        <title>label 标记</title>
6    </head>
7    <body>
8        <form action = "">
9            性别:<label for = "male">男</label><input type = "radio" id = "male" name =
             "sex"><label for = "female">女</label><input type = "radio" id = "female" name =
             "sex">
10       </form>
11   </body>
12   </html>
```

10.3.2 <select>下拉列表

下拉列表在浏览器中的显示效果如图 10.8 所示,其中,单击下拉列表右侧的小黑三角形符号会列出所有选项,代码如例 10.8 所示。

图 10.8　下拉列表未定义 size 属性效果

例 10.8

```
1    <!DOCTYPE html>
2    <html lang = "en">
3    <head>
4        <meta charset = "UTF-8">
5        <title>下拉列表样式 1</title>
6    </head>
7    <body>
8        <form action = "">
```

```
9              < select name = "profession" id = "profession">
10                 < option value = "front-end engineer">前端工程师</option>
11                 < option value = "Android engineer"> Android 工程师</option>
12                 < option value = "IOS engineer"> iOS 工程师</option>
13                 < option value = "PHP engineer "> PHP 工程师</option>
14             </select>
15         </form>
16     </body>
17 </html>
```

下拉列表由两个重要标记组成。其中,< select >用来创建选项框;< option >元素创建其中的每一个选项。

< select >标记常用的属性如下。

(1) name:命名。

(2) disabled:禁用控件。该属性为复合属性,需要禁用下拉列表时,可以只写属性名 disabled,或者写 disabled = "disabled",或者写 disabled = "true"。

(3) multiple:规定可同时选择多个选项。在一个下拉列表中添加属性 multiple 或者 multiple = "multiple"或者 multiple = "true"可使用 Ctrl 或 Command 键选择多个选项。如果没有设置该属性,则只能选择一个选项。

< option >标记常用的属性值如下。

(1) value:选项的值。如果该选项被选中,则将该选项的 value 属性值发送到服务器。

(2) selected:设置被预先选中的选项。

(3) disabled:规定某个选项被禁用。禁用的选项不可用,也不能被单击。

在例 10.9 中,使用 size 属性设置下拉列表同时显示 4 个列表项,如果还有多余的列表项,将以滚动条形式展示。由于给< select >标记设置了 multiple 属性,可以实现同时选择多个选项。给列表项的第 2 个< option >标记设置了 selected 属性,当页面加载完成时,第 2 个选项处于选中状态,效果如图 10.9 所示。

例 10.9

```
1  <! DOCTYPE html >
2  < html lang = "en">
3  < head >
4      < meta charset = "UTF-8">
5      < title >下拉列表样式 1 </title>
6  </head>
7  < body >
8      < form action = "">
9          < select name = "profession" id = "profession" size = "4" multiple >
10             < option value = "front-end engineer">前端工程师</option>
11             < option value = "Android engineer" selected > Android 工程师</option>
12             < option value = "IOS engineer"> iOS 工程师</option>
13             < option value = "PHP engineer "> PHP 工程师</option>
```

```
14              </select>
15          </form>
16      </body>
17  </html>
```

图 10.9　下拉列表定义 size="4"效果

10.3.3　多行文本框

< textarea >是多行文本框可以容纳无限数量的文本,该控件的主要属性如下。

(1) cols:定义文本区的宽度(以平均字符数计)。

(2) rows:规定文本区的高度(以行数计)。

(3) readonly:规定多行文本框为只读,无法对内容进行修改。

在例 10.10 中,使用 cols="40"定义了文本框的宽度为 40(其中,40 指的是 40 个英文字符所占的空间,一个汉字占 2 个英文字符空间,一个标点符号占 1 个英文字符空间),使用 rows="10"定义了多行文本区的高度为 10 行,效果如图 10.10 所示。

例 10.10

```
1   <!DOCTYPE html>
2   < html lang = "en">
3   < head >
4       < meta charset = "UTF-8">
5       <title>多行文本框</title>
6   </head >
7   < body >
8       < form action = "">
9           < textarea name = "text" id = "text" cols = "40" rows = "10">
10          我是一个文本框,可以输入任意长度的文本!!!我是一个文本框,可以输入任意长度的
            文本!!!我是一个文本框,可以输入任意长度的文本!!!我是一个文本框,可以输入任
            意长度的文本!!!我是一个文本框,可以输入任意长度的文本!!!我是一个文本框,可
            以输入任意长度的文本!!!
11          </textarea >
12      </form >
13  </body >
14  </html>
```

图 10.10　多行文本区效果

10.4　应用案例

10.4.1　用户注册

本章开始图 10.1 所示的表单实现了用户注册的功能，其代码如例 10.11 所示。

例 10.11

```
1   <!DOCTYPE html>
2   <html lang = "en">
3   <head>
4       <meta charset = "UTF-8">
5       <title>用户注册</title>
6   </head>
7   <body>
8       <table border = "2px" bordercolor = "#e5e5e5" bgcolor = "#f6fbfa" width = "800px"
        height = "700px" align = "center">
9           <tr>
10              <td valign = "top">
11              <table align = "center" border = "0px" width = "750px">
12                  <tr height = "40px" valign = "bottom">
13                      <td width = "120px" align = "center"><strong style = "font-size:
                        12px">个人资料：</strong></td>
14                       <td style = "font-size:12px; color:#666"><a style = "color:
                        #F00">*</a>为必填项</td>
15                  </tr>
16                  <tr>
17                      <td colspan = "2"><hr/></td>
18                  </tr>
19              </table>
20              <table align = "center" border = "0px" width = "650px">
21                  <tr>
22                      <td align = "right" style = "font-size:12px; width:80px"><a style =
                        "color:#F00">*</a>验证码：</td>
```

241

```
23          <td><input type="text"></td>
24          <td style="width:40px"><img src="images/verification.jpg"/></td>
25          <td style="font-size:12px; color:#666">单击切换</td>
26      </tr>
27      <tr>
28          <td align="right" style="font-size:12px; width:80px"><a style=
            "color:#F00">*</a>手机号码: </td>
29          <td width="60px"><input type="text"></td>
30          <td colspan="2" style="font-size:12px; color:#666">最多 11 个
            字符,例如: 13812345678</td>
31      </tr>
32      <tr>
33          <td align="right" style="font-size:12px; width:80px"><a style=
            "color:#F00">*</a>电子邮箱: </td>
34          <td width="60px"><input type="text"></td>
35          <td colspan="2" style="font-size:12px; color:#666">此邮箱用
            来确认你的身份</td>
36      </tr>
37      <tr>
38          <td align="right" style="font-size:12px; width:80px"><a style=
            "color:#F00">*</a>设置密码: </td>
39          <td width="60pxpx"><input type="text"></td>
40          <td colspan="2" style="font-size:12px; color:#666">长度为
            6-20 个字符之间</td>
41      </tr>
42      <tr>
43          <td align="right" style="font-size:12px; width:80px"><a style=
            "color:#F00">*</a>重置密码: </td>
44          <td width="60px"><input type="text"></td>
45          <td colspan="2" style="font-size:12px"></td>
46      </tr>
47      <tr>
48          <td align="right" style="font-size:12px; width:80px"><a style=
            "color:#F00">*</a>姓    名: </td>
49          <td><input type="text"></td>
50          <td colspan="2" style="font-size:12px; color:#666">输入真实
            姓名,最多 10 个字符</td>
51      </tr>
52      <tr>
53          <td align="right" style="font-size:12px; width:80px"><a style=
            "color:#F00">*</a>昵 称: </td>
54          <td><input type="text"></td>
55          <td colspan="2" style="font-size:12px; color:#666">请输入昵
            称,最多 30 个字符</td>
56      </tr>
57      <tr>
58          <td align="right" style="font-size:12px; width:80px"><a style=
            "color:#F00">*</a>性 别: </td>
59          <td colspan="3" style="font-size:12px"><input type="radio"
            name="us" checked>男<input type="radio" name="us">女</td>
```

```
60                    </tr>
61                    <tr>
62                        <td align = "right" style = "font-size:12px; width:80px"><a style =
                        "color:#F00">*</a>所在地:</td>
63                        <td colspan = "3">
64                            <select style = "width:150px">
65                                <option selected>请选择(省)</option>
66                                <option>广东省</option>
67                            </select>
68                            <select>
69                                <option selected>请选择(市)</option>
70                                <option>广州市</option>
71                            </select>
72                        </td>
73                    </tr>
74                    <tr>
75                        <td align = "right" style = "font-size:12px; width:80px"><a style =
                        "color:#F00">*</a>固定电话:</td>
76                        <td><input type = "text"></td>
77                        <td colspan = "2" style = "font-size:12px; color:#666">最多12个
                        字符,例如: 02012345678</td>
78                    </tr>
79                    <tr>
80                        <td align = "right" style = "font-size:12px; width:80px"><a style =
                        "color:#F00">*</a>传 真:</td>
81                        <td><input type = "text"></td>
82                        <td colspan = "2" style = "font-size:12px; color:#666">最多12个
                        字符,例如: 02012345678</td>
83                    </tr>
84                    <tr>
85                        <td align = "right" style = "font-size:12px; width:80px"><a style =
                        "color:#F00">*</a>地 址:</td>
86                        <td><input type = "text"></td>
87                        <td colspan = "2" style = "font-size:12px; color:#666">请填写正
                        确的地址</td>
88                    </tr>
89                    <tr>
90                        <td align = "right" style = "font-size:12px; width:80px"><a style =
                        "color:#F00">*</a>邮政编码:</td>
91                        <td><input type = "text"></td>
92                        <td colspan = "2" style = "font-size:12px; color:#666">最多6个
                        字符,例如: 123456</td>
93                    </tr>
94                    <tr>
95                        <td align = "right" style = "font-size:12px; width:80px"><a style =
                        "color:#F00">*</a>服务条款:</td>
96                        <td colspan = "3">
97                            <textarea cols = "60" rows = "8"></textarea>
98                        </td>
```

99	`</tr>`
100	`<tr>`
101	`<td colspan = "4" style = "font-size:12px" align = "center"><a style = "color:#F00">单击下面"我接受"按钮,即表示您同意上面的服务条款和隐私政策</a></td>`
102	`</tr>`
103	`<tr>`
104	`<td colspan = "4" style = "font-size:12px" align = "center"><a style = "color:#F00">提醒: 您是否已详细阅读并同意关于服务条款?同意,请单击下面: </a></td>`
105	`</tr>`
106	`<tr>`
107	`<td colspan = "4" align = "center"><input type = "submit" value = "我接受,创建我的用户"></td>`
108	`</tr>`
109	`</table>`
110	`</td>`
111	`</tr>`
112	`</table>`
113	`</body>`
114	`</html>`

在例 10.10 中淡蓝色的表单区域,使用表格嵌套的形式来进行整个表单的定位和表单控件与文本的排版。其中嵌套的表格分别为一个 2 行 2 列的表格和一个 N 行 4 列的表格。

上述案例采用<table>表格布局表单。下面来看一个 HTML+CSS 设计表单的方法。

10.4.2 电子商务搜索栏

如图 10.11 所示的搜索表单部分,输入搜索关键字的文本框,即带有边框还有一个相机的图像,且搜索框和搜索按钮连在一起显示。

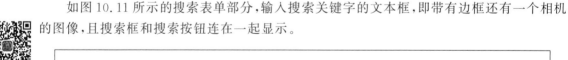

图 10.11 电子商务搜索栏

首先将图 10.11 结构分为以下几"块": <div id="header">定义宽度 100%与浏览器宽度一致,通长的容器需要设置下边框; <div id="w">宽度为 990px 且水平居中,放置所有主要内容,且设置定位属性为 relative; <div id="logo"><div id=" search"><div id="settleup"><div id="navitems">分别代表 Logo、搜索区域、购物车链接、导航,并设置这些"块"的相对定位位置。电子商务搜索栏布局结构如图 10.12 所示,具体结构代码如例 10.12 所示。

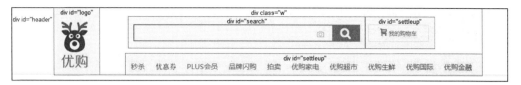

图 10.12 电子商务搜索栏布局结构

例 10.12

```
1    <!DOCTYPE html>
2    <html lang = "en">
3    <head>
4        <meta charset = "UTF-8">
5        <title>搜索</title>
6        <link rel = "stylesheet" type = "text/css" href = "style.css">
7    </head>
8    <body>
9        <div id = "header">
10           <div class = "w">
11               <div id = "logo" class = "logo">
12                   <h1 class = "logo_tit">
13                       <a href = "#" class = "logo_tit_lk">
14                               优购
15                       </a>
16                   </h1>
17               </div>
18               <!-- 搜索 -->
19               <div id = "search" class = "search">
20                   <div class = "form">
21                       <input id = "key" type = "text" class = "text">
22                       <span class = "photo-search-btn">
23                           <span class = "upload-bg">
24                               <img src = "images/cam.jpg" alt = "">
25                           </span>
26                           <a href = "#" class = "photo-search-login"></a>
27                       </span>
28                       <button class = "button">
29                           <img src = "images/search.png" alt = "">
30                       </button>
31                   </div>
32               </div>
33               <!-- 我的购物车 -->
34               <div id = "settleup" class = "dropdown">
35                   <div class = "cw-img">
36                       <i>
37
38                       </i>
39                       <a href = "#cart">我的购物车</a>
```

```
40                  </div>
41              </div>
42              <!-- 导航 -->
43              <div id="navitems">
44                  <ul>
45                      <li><a href="#">秒杀</a></li>
46                      <li><a href="#">优惠券</a></li>
47                      <li><a href="#">PLUS会员</a></li>
48                      <li><a href="#">品牌闪购</a></li>
49                      <li><a href="#">拍卖</a></li>
50                      <li><a href="#">优购家电</a></li>
51                      <li><a href="#">优购超市</a></li>
52                      <li><a href="#">优购生鲜</a></li>
53                      <li><a href="#">优购国际</a></li>
54                      <li><a href="#">优购金融</a></li>
55                  </ul>
56              </div>
57          </div>
58      </div>
59  </body>
60  </html>
```

在例 10.12 第 6 行代码中引入的 style.css 文件如例 10.13 所示。例 10.13 的第 77 行代码、第 89 行代码所示的 cursor 属性用来定义了鼠标指针放在一个元素边界范围内时所用的光标形状,属性值为 pointer 表示光标呈现为指示超链接的指针(一只手形状)。

例 10.13

```
1   /* 基础样式 */
2   body{
3       margin:0;
4       padding:0;
5       font:12px/1.5 "Microsoft YaHei";
6   }
7   a{
8       text-decoration:none;
9   }
10  li{
11      list-style:none;
12  }
13  /* 头部 */
14  #header{
15      background:#fff;
16      border-bottom:1px solid #ddd;
17  }
18  #header .w{
19      position:relative;
```

```
20          width:990px;
21          height:140px;
22          margin:0 auto;
23      }
24      /* logo */
25      #logo,.logo_tit{
26          position:absolute;
27      }
28      .logo_tit_lk{
29          background:url(images/logo.png) no-repeat;
30          width:190px;
31          height:120px;
32          display:block;
33          text-indent:-1000px;
34      }
35      /*搜索区域*/
36      .search{
37          position:relative;
38          height:60px;
39      }
40      .form{
41          width:486px;
42          left:220px;
43          position:absolute;
44          top:35px;
45          height:32px;
46          border:2px solid #e2231a;
47          background:#fff;
48      }
49      .text{
50          width:367px;
51          height:26px;
52          position:absolute;
53          left:0;
54          top:0;
55          padding:2px 44px 2px 17px;
56          border:1px solid transparent;
57          line-height:26px;
58          font-size:12px;
59          color:#333;
60      }
61      .photo-search-btn {
62          position:absolute;
63          right:75px;
64          top:10px;
65          width:19px;
66          height:15px;
67          overflow:hidden;
68      }
```

```
69    .photo-search-btn .upload-bg {
70        display:block;
71        width:20px;
72        height:20px;
73        line-height:14px;
74        font-size:20px;
75        text-align:center;
76        color:#9f9f9f;
77        cursor:pointer;
78    }
79    .button{
80        position:absolute;
81        top:0;
82        right:0;
83        width:58px;
84        height:32px;
85        line-height:32px;
86        border:0px;
87        background:#e1251b;
88        /* 光标呈手形显示 */
89        cursor:pointer;
90    }
91    /* 购物车链接区域 */
92    #settleup{
93        position:absolute;
94        top:35px;
95        right:130px;
96    }
97    #settleup .cw-img{
98        width:130px;
99        height:34px;
100       background-color:#fff;
101       text-align:center;
102       line-height:34px;
103       overflow:hidden;
104       position:relative;
105       z-index:1;
106       float:left;
107       border:1px solid #e3e4e5;
108    }
109    #settleup .cw-img i{
110       display:inline-block;
111       width:16px;
112       height:18px;
113       background:url(images/cart.png);
114    }
115    #settleup .cw-img a{
116       color:#e1251b;
117    }
```

```
118    /* 导航区域 */
119    #navitems{
120        overflow:hidden;
121        position:absolute;
122        left:163px;
123        bottom:0px;
124        height:48px;
125        padding-top:20px;
126    }
127    #navitems ul{
128        float:left;
129    }
130    #navitems li{
131        float:left;
132        margin-left:1px;
133    }
134    #navitems a{
135        position:relative;
136        display:block;
137        height:40px;
138        line-height:40px;
139        font-size:15px;
140        color:#333;
141        margin:0 11px;
142    }
```

10.4.3　登录页面

如图 10.13 所示的登录页面,整个网页背景颜色为灰色,登录区域表单背景颜色为白色,在网页中居中显示,书写网页结构如例 10.14 所示。其中,文本框和密码域前的文字写在了< span >标记内,也可写在< label >标记内。

图 10.13　登录页面效果

249

用户单击登录按钮后,应将用户所填用户名、密码、复选框选中情况的信息提交给服务器,因此登录按钮使用提交按钮,如例 10.14 第 29 行代码所示。

例 10.14

```
1    <!DOCTYPE html>
2    <html lang = "en">
3    <head>
4        <meta charset = "UTF-8">
5        <title>用户登录</title>
6        <link rel = "stylesheet" type = "text/css" href = "login.css">
7    </head>
8    <body>
9        <div class = "mainWrap">
10           <div class = "login_body">
11               <h3><img src = "img/log_logo.jpg" alt = ""></h3>
12               <form action = "#" method = "post">
13                   <div class = "lg_inner">
14                       <p>
15                           <span>用户名</span>
16                           <input type = "text" class = "ipt_sty" id = "uname" name = "uname">
17                       </p>
18                       <p>
19                           <span>密码</span>
20                           <input type = "password" class = "ipt_sty" id = "upwd" name = "upwd">
21                       </p>
22                       <div>
23                           <label for = "remember">
24                               <input type = "checkbox" id = "remember">
25                               在这台计算机上记住我(一个月内自动登录)
26                           </label>
27                       </div>
28                   </div>
29                   <input type = "submit" name = "login" value = "登录" class = "subbtn">
30               </form>
31               <div class = "go_reg">
32                   <a href = "#">立即注册</a>
33                   <a href = "#" class = "forget">忘记密码</a>
34               </div>
35           </div>
36       </div>
37   </body>
38   </html>
```

在例 10.14 中文件添加的样式表如例 10.15 所示。其中,第 64 行代码使用 border-radius 圆角属性设置按钮边框的圆角弧度。

例 10. 15

```
1    html,body{
2        border:0;
3        font-family:"微软雅黑", "PingFang SC","Helvetica Neue","Helvetica","STHeitiSC-
         Light","Arial",sans-serif;
4        margin:0;
5        padding:0;
6    }
7    body{
8        background-color:#efefef;
9    }
10   a{
11       text-decoration:none;
12   }
13   .mainWrap{
14       width:1200px;
15       margin:70px auto 20px auto;
16   }
17   .login_body{
18       background-color:white;
19       padding:30px;
20   }
21   .login_body > h3{
22       padding-bottom:25px;
23       text-align:center;
24   }
25   .login_body .lg_inner{
26       width:520px;
27       margin:0 auto;
28   }
29   .login_body .lg_inner > p > span{
30       display:inline-block;
31       width:70px;
32       margin-right:29px;
33       text-align:right;
34       font-size:20px;
35       color:#353535;
36   }
37   .ipt_sty{
38       width:300px;
39       height:42px;
40       text-align:left;
41       padding:0 10px;
42       line-height:42px;
43       border:solid 1px #979797;
44       font-size:16px;
45       color:#353535;
```

```
46    }
47    .login_body .lg_inner > div{
48        margin:16px auto 34px auto;
49    }
50    .login_body .lg_inner > div > label{
51        margin-top:16px;
52        margin-left:100px;
53        font-size:14px;
54        color:#353535;
55    }
56    .subbtn{
57        display:block;
58        width:144px;
59        height:42px;
60        margin:0 auto;
61        text-align:center;
62        line-height:40px;
63        /*设置圆角*/
64        border-radius:58px;
65        background-color:#eae8f7;
66        border:solid 1px #776fa8;
67        font-size:18px;
68        color:#776fa8;
69    }
70    .login_body .go_reg {
71        width:600px;
72        margin:0 auto;
73        background:url(img/line-1.png) bottom no-repeat;
74        background-size:100%;
75        padding:15px 0 12px 0;
76    }
77    .login_body .go_reg > a {
78        font-size:18px;
79        color:#776fa8;
80    }
81    .forget{
82        float:right;
83    }
```

第 11 章
实用技巧

本章学习目标

- 理解 CSS Reset,并能灵活运用。
- 掌握常见网页布局 HTML(结构)及 CSS(样式)的写法。
- 能够运用精灵图技术美化网页。
- 掌握滑动门技术。
- 理解 margin 为负值的情况,并掌握其应用方法。

11.1　CSS Reset

　　HTML 标记在浏览器中都有默认的样式。浏览器种类很多,如 IE、FireFox、Chrome 等,且同一个浏览器有很多版本,不同的浏览器、甚至不同版本浏览器渲染的标记的默认样式也存在差别,因此带来多浏览器兼容性问题,给前端工程师造成了一些困扰。

　　浏览器兼容性问题的解决方案之一是,可以从一开始就将浏览器的默认样式全部覆盖,更准确的说就是通过重新定义标记样式,覆盖浏览器提供的默认样式,这就是 CSS Reset。例如,下面的 CSS Reset 代码:

```
* {padding:0;margin:0;border:0;}
```

　　上述解决方案的意思是让所有标记的 padding、margin、border 都设置为 0,但性能较低,不推荐使用。一般选取页面用到的元素进行重置。例如:

```
1    html, body, div, span,h1, h2, h3, h4, h5, h6, p,form{
2        margin:0;
3        padding:0;
4        font-size:100 % ;
5    }
```

　　也有内容更多的,例如:

```
1    /* 清除内外边距 */
2    body, h1, h2, h3, h4, h5, h6, hr, p, blockquote, /* structural elements 结构元素 */
```

```
3    dl, dt, dd, ul, ol, li, /* list elements 列表元素 */
4    pre, /* text formatting elements 文本格式元素 */
5    fieldset, lengend, button, input, textarea, /* form elements 表单元素 */
6    th, td { /* table elements 表格元素 */
7            margin:0;
8            padding:0;
9            box-sizing:border-box;
10   }
11   /* 设置默认字体 */
12   body,
13   button, input, select, textarea { /* for ie */
14           /* font:12px/1 Tahoma, Helvetica, Arial, "宋体", sans-serif; */
15           font-family:"微软雅黑",sans-serif, inherit; /* 用 ascii 字符表示,使得在任何
                编码下都无问题 */
16           font-size:0.12rem;
17   }
18   h1 { font-size:18px; /* 18px / 12px = 1.5 */ }
19   h2 { font-size:16px; }
20   h3 { font-size:14px; }
21   h4, h5, h6 { font-size:100%; }
22   address, cite, dfn, em, var { font-style:normal; } /* 将斜体扶正 */
23   code, kbd, pre, samp, tt { font-family:"Courier New", Courier, monospace; } /* 统一等宽
     字体 */
24   small { font-size:12px; } /* 小于 12px 的中文很难阅读,让 small 正常化 */
25   /* 重置列表元素 */
26   ul, ol { list-style:none; }
27   /* 重置文本格式元素 */
28   a { text-decoration:none; }
29   a:hover { text-decoration:underline; }
30   abbr[title], acronym[title] { /* 注意:1.IE6 不支持 abbr; 2.这里用了属性选择符,IE6 下
     无效果 */
31           border-bottom:1px dotted;
32           cursor:help;
33   }
34   q:before, q:after { content:''; }
35   /* 重置表单元素 */
36   legend { color:#000; } /* for ie6 */
37   fieldset, img { border:none; } /* img 搭车:让链接里的 img 无边框 */
38   /* 注: optgroup 无法扶正 */
39   button, input, select, textarea {
40           font-size:100%; /* 使得表单元素在 IE 浏览器下能继承字体大小 */
41   }
42   /* 重置表格元素 */
43   table {
44           border-collapse:collapse;
45           border-spacing:0;
46   }
47   /* 重置 hr */
48   hr {
```

```
49              border:none;
50              height:1px;
51     }
52     /* 让非 IE 浏览器默认也显示垂直滚动条,防止因滚动条引起的闪烁 */
53     html { overflow-y:scroll; }
54     /* 超出内容显示省略号*/
55     .ellipsis{   max-width:100%;   white-space:nowrap;   text-overflow:ellipsis;
       overflow:hidden;   }
56     /* 清除浮动*/
57     .clearfix {   *zoom:1;   }
58     .clearfix:before,
59     .clearfix:after {  display:table;  line-height:0;  content:"";  }
60     .clearfix:after {  clear:both;  }
```

　　一般起到重置样式表作用的 CSS 文件名为 reset.css,方便用户阅读。而且不同网站的前端定义的重置内容和方法有差异,但功能都是为了重置浏览器的默认样式。有很多现成的 reset.css 文件可使用,建议在项目开发时,用户根据自己的需要选择搭建页面结构时用到的标记进行重置,根据个人需求自定义 CSS Reset 文件,避免代码冗余。

　　浏览器兼容性的另一解决方案是使用 normalize.css 文件。有人说这种方案是一种相对"平和"的、为 HTML5 准备的优质替代方案,在此不展开讲解。

11.2　常见网页布局

　　使用 DIV+CSS 进行网页布局是页面开发的常用技术,现在网络上最为普遍的有一列、两列、三列及自适应布局等。

　　本节对最基础的页面布局进行总结,有助于日后对布局的灵活运用。

11.2.1　固定宽度布局

1. 一列水平居中布局

　　单列布局,一列的宽度固定为已知值,可以使用 margin:0 auto;设置来达到水平居中的效果。这样的页面比较干净,干扰信息比较少,多用于网站的详细内容页面或是搜索引擎的主页。

　　如图 11.1 所示,盒子宽度固定为 1000px,水平居中,代码如例 11.1 所示。

　　无论浏览器窗口宽度为多少,盒子都在水平方向居中显示,需要设置 margin:0 auto,设置上下间距为 0,左右自动计算; 也可以拆分成 margin:0 auto 0 auto。又如,一个宽度为 500px 的<div>标记,设置 margin:0 auto 样式后,假如浏览器窗口宽度为 1000px,这时浏览器将自动计算<div>的左右间距为各 250px,则<div>标记水平居中。

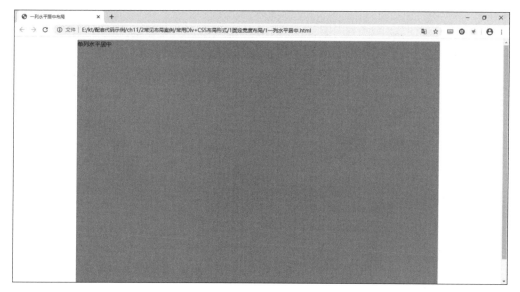

图 11.1　单列水平居中布局

例 11.1

```
1    <!DOCTYPE html>
2    < html lang = "en">
3    < head >
4        < meta charset = "UTF-8">
5        <title>一列水平居中布局</title>
6        < style type = "text/css">
7            .one-center{
8                width:1000px;
9                height:700px;
10               background-color:#999;
11               margin:0 auto;
12           }
13       </style>
14   </head>
15   < body >
16       < div class = "one-center">单列水平居中</div>
17   </body>
18   </html>
```

2. 两列布局

两列布局是网页中常见的布局形式,如果左右两列的宽度已知为固定值,可以使用浮动(float)属性完成布局排版。

在图 11.2 中,版面整体宽度为 1000px,且居中展示,整个版面被分为左右两个部分且左右两侧栏宽度固定。

在例 11.2 中,分别设置左右两列,分别是 float:left 和 float:right,可以轻松实现左右

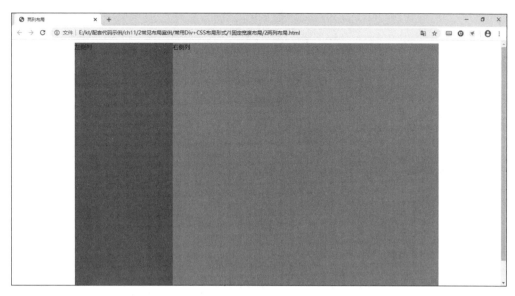

图 11.2 两列布局

布局效果。在 7～11 行代码中,通过设置盒子的总宽度,且设置 margin:0 auto 使最外层大盒子模型在页面中居中显示,使两列在页面中整体居中。

例 11.2

```
1     <!DOCTYPE html >
2     < html lang = "en">
3     < head >
4         < meta charset = "UTF-8">
5         < title >两列布局</title >
6         < style type = "text/css">
7             .container{
8                 width:1000px;
9                 height:700px;
10                margin:0 auto;
11            }
12            .lbox{
13                width:270px;
14                height:100 % ;
15                background-color:#666;
16                float:left;
17            }
18            .rbox{
19                width:730px;
20                height:100 % ;
21                background-color:#999;
22                float:right;
23            }
```

```
24          </style>
25      </head>
26      <body>
27          <div class = "container">
28              <div class = "lbox">左侧列</div>
29              <div class = "rbox">右侧列</div>
30          </div>
31      </body>
32      </html>
```

3. 三列布局

现在,PC端很多综合性门户网站(图 11.3 所示的新浪网首页)、行业网站(图 11.4 所示的土木工程网首页)、企业网站、政府网站等都采用三列布局的形式。

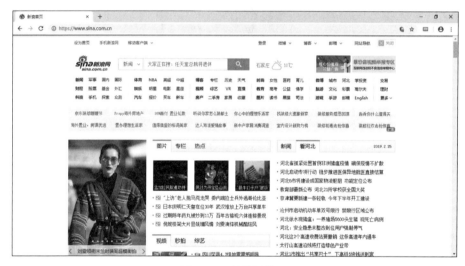

图 11.3　新浪网首页

图 11.4　土木工程网首页

三列布局的列宽度固定,实现方式与两列布局相似,使用浮动属性可以实现。如图11.5所示的三列布局形式,其三列宽度已知且整体在页面中居中显示。

图11.5 三列居中布局

可通过设置左侧和中间盒子左浮动,最右侧盒子右浮动实现布局。需要注意的是,3个盒子的总宽度不能大于父元素宽度,需要计算每个盒子宽度之和以及盒子与盒子之间的间距,具体代码如例11.3所示。

例11.3

```
1   <!DOCTYPE html>
2   <html lang = "en">
3   <head>
4       <meta charset = "UTF-8">
5       <title>三列布局</title>
6       <style type = "text/css">
7           .container{
8               width:1000px;
9               height:700px;
10              margin:0 auto;
11          }
12          .lbox{
13              width:270px;
14              height:100%;
15              float:left;
16              background-color:#999;
17          }
18          .cenbox{
19              width:400px;
```

```
20              height:100 % ;
21              float:left;
22              background-color: ♯666;
23          }
24      .rbox{
25              width:330px;
26              height:100 % ;
27              float:right;
28              background-color: ♯999;
29          }
30      </style>
31  </head>
32  <body>
33      < div class = "container">
34          < div class = "lbox">左侧列</div>
35          < div class = "cenbox">中间列</div>
36          < div class = "rbox">右侧列</div>
37      </div>
38  </body>
39  </html>
```

11.2.2   自适应宽度布局

自适应宽度布局的含义是根据浏览器窗口的宽度来动态调整布局栏的宽度。

1. 自适应两列布局

如图 11.6 所示,左侧列为固定宽度,右侧列为自适应宽度,左右两列占满浏览器宽度。

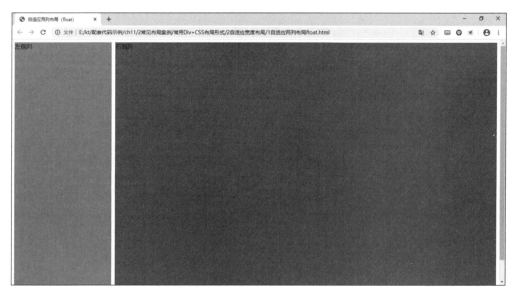

图 11.6   自适应两列布局

方案一：使用浮动属性进行自适应布局。左侧列设置固定宽度且 float：left；向左浮动；右侧列不设置宽度，需要设置 margin-left 左间距属性为左侧栏宽度加上左右两列的间距。具体代码如例 11.4 所示。

例 11.4

```
1    <! DOCTYPE html >
2    < html lang = "en">
3    < head >
4        < meta charset = "UTF-8">
5        < title >自适应两列布局 float </title >
6        < style type = "text/css">
7            .container{
8                width:100 % ;
9                height:700px;
10           }
11           .lbox{
12               width:270px;
13               height:100 % ;
14               background-color:♯999;
15               float:left;
16           }
17           .rbox{
18               height:100 % ;
19               background-color:♯666;
20               margin-left:280px;
21           }
22       </style>
23   </head>
24   < body >
25       < div class = "container">
26           < div class = "lbox">左侧列</div >
27           < div class = "rbox">右侧列</div >
28       </div >
29   </body >
30   </html >
```

方案二：设置父盒子的定位属性为 position：relative 相对定位；左侧列设置固定宽度，其定位属性为 position：absolute 绝对定位；右侧列设置其定位属性为 position：relative 相对定位，且需要设置 margin-left 为左侧列的宽度加两列间距。具体实现代码如例 11.5 所示。

例 11.5

```
1    <! DOCTYPE html >
2    < html lang = "en">
3    < head >
4        < meta charset = "UTF-8">
```

```
5          <title>自适应两列布局position</title>
6       <style type="text/css">
7          .container{
8              width:100%;
9              height:700px;
10             margin:0 auto;
11             position:relative;
12         }
13         .lbox{
14             width:270px;
15             height:700px;
16             position:absolute;
17             background-color:#999;
18         }
19         .rbox{
20             height:100%;
21             margin-left:280px;
22             background-color:#666;
23         }
24      </style>
25   </head>
26   <body>
27      <div class="container">
28          <div class="lbox">左侧列</div>
29          <div class="rbox">右侧列</div>
30      </div>
31   </body>
32   </html>
```

2. 三列布局,中间列自适应

如图11.7所示,三列占满浏览器宽度,中间列自适应,左右两侧列宽度固定。

图11.7　三列布局,中间列自适应

方案一：左侧列和右侧列设置固定宽度，并分别设置浮动属性为 float：left 左浮动和 float：right 右浮动，中间列设置左右外边距，值刚好等于左（右）侧列宽度加左（右）侧列与中间列间距。具体实现代码如例 11.6 所示。

例 11.6

```
1   <!DOCTYPE html>
2   <html lang = "en">
3   <head>
4       <meta charset = "UTF-8">
5       <title>自适应三列布局 float</title>
6       <style type = "text/css">
7           .lbox{
8               width:270px;
9               height:700px;
10              float:left;
11              background-color:#999;
12          }
13          .cenbox{
14              margin:0 280px;
15              height:700px;
16              background-color:#666;
17          }
18          .rbox{
19              width:270px;
20              height:700px;
21              float:right;
22              background-color:#999;
23          }
24      </style>
25  </head>
26  <body>
27      <div class = "container">
28          <div class = "lbox">左侧列</div>
29          <div class = "rbox">右侧列</div>
30          <div class = "cenbox">中间列</div>
31      </div>
32  </body>
33  </html>
```

需要注意的是，在例 11.6 中，中间列类样式 cenbox 盒子需要写在左侧列盒子 lbox 和右侧列盒子 rbox 之后，如代码第 28～30 行所示。因为中间列没有设置浮动属性，这个<div>标记没有脱离文档流，块元素默认占满整行显示，如果将中间列<div>标记放在右侧列<div>标记之前会导致右侧列换行再进行右浮动。因此，一定要保证代码中左侧列的<div>标记和右侧列<div>标记都写在中间列<div>的前面。

方案二：父元素<div>设置其定位属性为 position：relative 相对定位；左侧列<div>和右侧列<div>设置定位属性为 position：absolute 绝对定位，并设置固定宽度值；中间列<div>设置定位属性为 position：relative 相对定位，且设置左右外边距值等于左（右）侧列宽

263

度加左(右)侧列与中间列间距。由于设置定位属性为 position:absolute 绝对定位后会脱离文档流,因此中间列< div >需要写在左侧列< div >和右侧列< div >的后边。具体实现如例 11.7 所示。

例 11.7

```
1    <!DOCTYPE html >
2    < html lang = "en">
3    < head >
4        < meta charset = "UTF-8">
5        < title >自适应三列布局 position </title >
6        < style type = "text/css">
7            .container{
8                width:100 % ;
9                height:700px;
10               position:relative;
11           }
12           .lbox{
13               width:270px;
14               height:100 % ;
15               position:absolute;
16               left:0;
17               background-color:#999;
18           }
19           .cenbox{
20               margin:0 280px;
21               height:100 % ;
22               position:relative;
23               background-color:#666;
24           }
25           .rbox{
26               width:270px;
27               height:100 % ;
28               position:absolute;
29               background-color:#999;
30               right:0;
31           }
32       </style >
33   </head >
34   < body >
35       < div class = "container">
36           < div class = "lbox">左侧列</div >
37           < div class = "rbox">右侧列</div >
38           < div class = "cenbox">中间列</div >
39       </div >
40   </body >
41   </html >
```

11.3 CSS 精灵图

很多网页在首次加载时需要加载很多小图片,需要多次向服务器发送请求,为了减轻服务器负荷,将若干小图片拼接在一张图中,这样只需要请求一次,当浏览器需要用到某个小图时再从大图片中解析,这就是精灵图(sprite)技术。这一技术是为了解决加载时间过长,影响用户体验的问题。

图 11.8　1～9 的数字图像

如何实现在一张复杂的图片中取出某部分分别展示出来呢?精灵图技术的关键是在 CSS 属性中的 background-position 属性(背景定位的属性)。

例如,有如图 11.8 所示的一张素材图像,通过精灵图技术可分别从图 11.8 中截取 1～9 的数字部分在网页中横向排列展示,如图 11.9 所示。

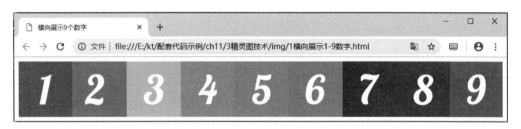

图 11.9　1～9 的数字横向展示

在例 11.8 中,首先定义了 9 个 100px×100px 的盒子与素材图像中的 1～9 每个数字颜色块大小相同,然后通过设置每个< div >块的背景图像的 background-position 属性不同实现显示素材图像的不同部分。

例 11.8

```
1    <!DOCTYPE html >
2    < html lang = "en">
3    < head >
4        < meta charset = "UTF-8">
5        <title>横向展示 9 个数字</title>
6        < style type = "text/css">
7            div{
8                height:100px;
9                width:100px;
10               float:left;
11               background-image:url(1-9.png);
12           }
13           div # second{
```

```
14              background-position:-100px 0;
15          }
16      div#third{
17              background-position:-200px 0;
18          }
19      div#forth{
20              background-position:0 -100px;
21          }
22      div#fifth{
23              background-position:-100px -100px;
24          }
25      div#sixth{
26              background-position:-200px -100px;
27          }
28      div#seventh{
29              background-position:0 -200px;
30          }
31      div#eightth{
32              background-position:-100px -200px;
33          }
34      div#ninth{
35              background-position:-200px -200px;
36          }
37      </style>
38  </head>
39  <body>
40      <div id="first"></div>
41      <div id="second"></div>
42      <div id="third"></div>
43      <div id="forth"></div>
44      <div id="fifth"></div>
45      <div id="sixth"></div>
46      <div id="seventh"></div>
47      <div id="eightth"></div>
48      <div id="ninth"></div>
49  </body>
50  </html>
```

从例 11.8 可以看出,精灵图技术的要点如下所示。

(1) 预先在大图片中制作好每个小图标的大小。一般情况下,大图像为 PNG-24 文件格式(可减少毛边)。

(2) 在网页中创建和小图标大小相同的容器。

(3) 将大图片设置为容器的背景图像(background-image),有可能需要设置容器背景定位的属性为 background-repeat:no-repeat。

(4) 改变背景图像的位置(background-position),使容器正好显示想要的部分。

如图 11.10 所示的竖向导航图,首先在 Photoshop 中制作精灵图背景图像,每个小图标
对应的索引值如图 11.11 所示。

图 11.10　竖向导航图

	background-position		索引值
	0px	0px	#menu-item-1
	0px	−40px	#menu-item-2
	0px	−80px	#menu-item-3
	0px	−120px	#menu-item-4
	0px	−160px	#menu-item-5
	0px	−200px	#menu-item-6

图 11.11　Photoshop 中测量计算得出 background-position 取值

在制作大的精灵图素材时需要注意,提前确定每个小图标的大小,在本例中为 16px×
16px,注意小图标与小图标之间的距离,这与 background-position 属性的取值有关。

首先,创建 HTML 页面的基本结构,如例 11.9 所示。其中,第 12~17 行代码为不同
的<li>定义不同的 id 属性值,方便指定它们的 background-position 属性的取值不同。

267

例 11.9

```
1    <!DOCTYPE html>
2    <html lang="en">
3    <head>
4        <meta charset="UTF-8">
5        <title>竖向导航</title>
6    </head>
7    <body>
8        <div id="sidebar">
9            <div id="menu">
10           <h3>职业</h3>
11               <ul>
12                   <li id="menu-item-1"><a href="#">Web 前端工程师</a></li>
13                   <li id="menu-item-2"><a href="#">Android 工程师</a></li>
14                   <li id="menu-item-3"><a href="#">iOS 工程师</a></li>
15                   <li id="menu-item-4"><a href="#">Python 工程师</a></li>
16                   <li id="menu-item-5"><a href="#">PHP 工程师</a></li>
17                   <li id="menu-item-6"><a href="#">JavaWeb 工程师</a></li>
18               </ul>
19           </div>
20       </div>
21   </body>
22   </html>
```

然后,以内嵌样式表或链接外部样式表的形式添加 CSS 样式,如例 11.10 所示。其中,第 41 行代码为所有的<li>定义使用同一幅背景图像且背景图像不重复显示;第 52~69 行代码为不同 id 值的<li>进行背景图像位置定位,实现背景图像从素材图中截取部分。

例 11.10

```
1    body{
2        margin:0;
3        padding:0;
4        font:0.75em/1.75em 'Arial', Helvetica, Arial, "Microsoft Yahei", sans-serif;
5    }
6    a,a:visited{
7        text-decoration:none;
8    }
9    #sidebar{
10       width:245px;
11       margin:10px auto;
12   }
13   #menu{
14       font-size:1em;
15       width:100%;
16       height:294px;
17       position:relative;
```

```
18        z-index:2;
19        border:1px solid #f1f1f1;
20    }
21    #menu h3{
22        height:20px;
23        font-size:14px;
24        color:#666;
25        padding-left:12px;
26        line-height:20px;
27    }
28    #menu ul{
29        padding:0;
30        list-style:none;
31        background:#fafafa;
32        border-top:1px solid #f1f1f1;
33        border-bottom:1px solid #f1f1f1;
34        font-size:12px;
35        height:244px;
36    }
37    #menu li{
38        display:block;
39        float:left;
40        width:235px;
41        background:url(img/iconbg.png) no-repeat;
42        margin-left:10px;
43        border-bottom:1px solid #f4f4f4;
44    }
45    #menu li a{
46        font-size:12px;
47        line-height:40px;
48        padding-left:30px;
49        display:block;
50        color:#333;
51    }
52    #menu li #menu-item-1{
53        background-position:0 0;
54    }
55    #menu li #menu-item-2{
56        background-position:0 -40px;
57    }
58    #menu li #menu-item-3{
59        background-position:0 -80px;
60    }
61    #menu li #menu-item-4{
62        background-position:0 -120px;
63    }
```

```
64    #menu li#menu-item-5{
65        background-position:0-160px;
66    }
67    #menu li#menu-item-6{
68        background-position:0-200px;
69    }
```

11.4 滑动门技术

为了使各种特殊形状的背景能够自适应元素中文本的多少,出现了 CSS 滑动门技术。

滑动门技术一般应用在有背景图片的按钮中,并且按钮上的文字长度是不确定的,它使各种特殊形状的背景能够自由拉伸滑动,以适应元素内部的文本内容,可用性强。最常见的是各种导航栏的滑动门。

如图 11.12 所示,当鼠标指针移到各导航栏栏目上方时,鼠标指针悬浮效果的背景图像都是圆角矩形,不论该栏目有多少个文字。

图 11.12　微信首页导航栏

滑动门的核心技术在于利用 CSS 精灵图(主要是 background-position 属性)和盒子 padding 属性撑开宽度,以便适应不同字数的导航栏。

实现滑动门的经典结构为:

```
<li>
    <a href = "#">
        <span>导航栏目内容</span>
    </a>
</a>
```

其中,<a>标记设置背景左侧,padding-left 属性撑开合适的宽度;<span>标记设置背景右侧,padding-right 属性撑开合适的宽度,最好与 padding-left 属性为同一个值,以实现文字左右居中的效果;<a>标记包含<span>标记,是因为整个导航都是可以单击的;<li>标记为浮动元素(一般为左浮动),因为只有浮动元素不设置宽度,它的宽度才为内容宽度,这个宽度也就是文本宽度加上两端的 padding 属性值。

例如,图 11.13 是利用 HTML 与 CSS 在网页中实现的,并且背景内容长度自适应文本宽度。

要实现图 11.13 的效果,首先需要从图 11.13 的背景图像中切出 3 个等宽的部分,如图 11.14 所示,并将它们纵向拼接在一张图片中作为背景素材,如图 11.15 所示。

图 11.13　单个导航项

图 11.14　单个导航背景结构

图 11.15　导航背景图像
　　　　　 三部分拼接图

在图 11.15 中,最上边是左边圆角部分;中间为右边圆角部分;最下边是整个背景。这三部分宽度都为 50px。

注意:纵向拼接的背景素材宽度主要由两边圆角的宽度决定,本例中的素材尺寸为 $50px \times 177px$。

然后,书写 HTML 结构,如例 11.11 所示。这里使用< div >、< a >、< span > 3 个标记负责三层嵌套。其中,< div >标记负责中间的平铺背景;< a >标记负责左边的圆角;< span >标记负责右边的圆角。

例 11.11

```
1    <!DOCTYPE html >
2    < html lang = "en">
3    < head >
4        < meta charset = "UTF-8">
5        <title>滑动门技术</title>
6    </head>
7    < body >
8        < div id = "menu">
9            < a href = "♯">< span >最新动态</span></a>
10       </div>
11   </body>
12   </html>
```

最后,为上述页面结构添加 CSS 样式,如例 11.12 所示。

例 11.12

```
1    body, strong, span{
2        color:♯fff;
3        font-weight:normal;
4    }
5    a{
6        text-decoration:none;
7    }
8    ♯menu{
9        height:59px;
```

```
10        background:url(img/navbg.png) repeat-x 0 -118px;
11        float:left;
12        line-height:59px;
13    }
14    #menu a{
15        display:block;
16        height:59px;
17        padding-left:50px;
18        background:url(img/navbg.png) no-repeat;
19    }
20    #menu a span{
21        display:block;
22        height:59px;
23        padding-right:50px;
24        background:url(img/navbg.png) no-repeat right -59px;
25    }
```

在例 11.12 中，首先需要在最外层作为单个导航容器的<div>ID 选择器"#menu"中设置 float:left，见例 11.12 第 11 行代码，使导航条能够自适应内容宽度。然后，使用 background 的 url 引入切入的三部分拼图，切出的每部分高度是 59px，设置平铺的宽度为 230px，水平平铺设置为 repeat-x；且水平平铺部分的图像在拼出的背景素材最下方，垂直方向需要移动 59px×2，水平方向不需要移动，所以 background-position 的属性值为 0-118px。左边背景的引入(#menu a)不需要平铺，且放在背景素材的最上方，不需要位置移动。右边背景的引入(#menu a span)也不需要平铺，右边圆角右对齐，且右边圆角位于背景素材的中间需要向上移动 59px，所以设置 background-position 的属性值为 right-59px。最终，在页面中完成了效果图的制作，如图 11.16 所示。

图 11.16 应用滑动门技术的单个导航项

如果在上面单个导航项中添加更多的文字，且样式不变，则背景可以进行自适应。读者可自行多复制几行例 11.11 第 8~10 行代码修改不同长度文本的实验，效果如图 11.17 所示。

图 11.17 增加导航栏测试

至此,上述的滑动门效果制作完成,那么,如图 11.18 所示的导航该如何实现呢?

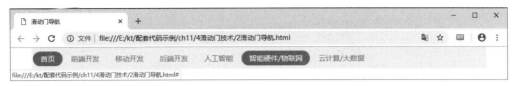

图 11.18 滑动门技术横向导航

分析图 11.18 中活动导航条的背景如图 11.19 所示,大小为 222px×30px。导航背景中间部分之所以做得很长,是为了内容自适应。

图 11.19 背景 nav-bg.png

制作如图 11.18 所示的导航条代码如例 11.13 所示。

例 11.13

```
1    <!DOCTYPE html >
2    < html lang = "en">
3    < head >
4        < meta charset = "UTF-8">
5        <title>滑动门导航</title>
6        < style type = "text/css">
7            body,ul{
8                padding:0;
9                margin:0;
10           }
11           li{
12               list-style:none;
13           }
14           a{
15               text-decoration:none;
16           }
17           #nav{
18               width:960px;
19               height:36px;
20               background: #f1f1f1;
21               margin:0 auto;
22               padding-top:8px;
23           }
24           #nav li{
25               float:left;
26               height:30px;
27               margin-left:2px;
28           }
29           #nav a{
30               height:30px;
31               line-height:30px;
32               display:block;
```

```
33            padding-left:16px;
34            font-size:15px;
35            color:#969696;
36        }
37        #nav a span{
38            height:30px;
39            display:block;
40            padding-right:16px;
41        }
42        #nav li a:hover,#nav .active a,#nav .active a:hover{
43            color:#fff;
44            background:url(img/nav-bg.png) no-repeat;
45        }
46        #nav a:hover span,#nav .active span{
47            background:url(img/nav-bg.png) no-repeat right;
48        }
49    </style>
50 </head>
51 <body>
52    <div class="box">
53        <ul id="nav">
54            <li class="active"><a href="#"><span>首页</span></a></li>
55            <li><a href="#"><span>前端开发</span></a></li>
56            <li><a href="#"><span>移动开发</span></a></li>
57            <li><a href="#"><span>后端开发</span></a></li>
58            <li><a href="#"><span>人工智能</span></a></li>
59            <li><a href="#"><span>智能硬件/物联网</span></a></li>
60            <li><a href="#"><span>云计算/大数据</span></a></li>
61        </ul>
62    </div>
63 </body>
64 </html>
```

如果想要实现仿微信官方网站的导航条效果,如图 11.20 所示。单项导航一般状态的背景是特殊形状,鼠标指针移上之后也是变换颜色的特殊形状,应该怎么做呢?

图 11.20　仿微信官方导航条

图 11.21　导航区域
盒子背景
wxbg. png

首先,准备三幅图像,第一幅图像作为整个导航区域背景,如图 11.21 所示;第二幅图像是正常情况单项栏目背景,如图 11.22 所示;第三幅图像是鼠标指针移到某栏目上方时的背景,如图 11.23 所示。

然后,使用<ul>、<li>标记搭建导航条结构。在<li>标记内部使用<a>标记设置左侧背景,<a>标记内嵌套<span>标记设置右侧

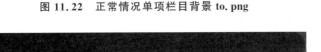

图 11.22　正常情况单项栏目背景 to. png

图 11.23　鼠标指针移上单项栏目背景 on. png

背景,如例 11.14 第 36-45 行代码。

最后,书写样式。由于本例只做导航条,将整个导航条的背景图像设置为< body >元素,如例 11.14 第 7～9 行代码;< li >标记设置 float:left 属性,使它的宽度能够自适应;例 11.14 的第 17 行和第 27 行代码分别定义了"左右两边"正常状态下的背景图像及其位置;在鼠标指针浮上去时只改变图片即可,如例 11.14 第 31、32 行代码。

例 11.14

```
1    <! DOCTYPE html >
2    < html lang = "en">
3    < head >
4        < meta charset = "UTF-8">
5        < title >仿微信官网导航</title>
6        < style type = "text/css">
7            body{
8                background:url(images/wxbg.png) repeat-x;
9            }
10           .nav li{
11               list-style:none;
12               float:left;
13               margin-right:5px;
14           }
15           .nav li a{
16               display:inline-block;
17               height:33px;
18               background:url(images/to.png) no-repeat;
19               text-decoration:none;
20               color: #fff;
21               font-size:700;
22               padding-left:15px;
23               line-height:33px;
24           }
25           .nav li a span{
26               display:inline-block;
27               height:33px;
28               background:url(images/to.png) no-repeat right;
29               padding-right:15px;
30           }
```

```
31          .nav a:hover , .nav a:hover span{
32              background-image:url(images/on.png);
33          }
34      </style>
35  </head>
36  <body>
37      <ul class = "nav">
38          <li><a href = "#"><span>首页</span></a></li>
39          <li><a href = "#"><span>帮助与反馈</span></a></li>
40          <li><a href = "#"><span>公众平台</span></a></li>
41          <li><a href = "#"><span>开放平台</span></a></li>
42          <li><a href = "#"><span>微信支付</span></a></li>
43          <li><a href = "#"><span>微信广告</span></a></li>
44          <li><a href = "#"><span>企业微信</span></a></li>
45          <li><a href = "#"><span>表情开放平台</span></a></li>
46      </ul>
47  </body>
48  </html>
```

11.5 margin 负值

负边距(negative margin)是布局中一个常用的技巧,很多特殊的布局都依赖于负边距。

11.5.1 margin 负数值理论

margin 为外边距属性,在前面章节的例子中都是为 margin 属性赋正数值,如果 margin 属性值为负数,效果如何? 下面将分四种情况进行讲解。

(1) 设置 margin-left、margin-right 为负值,元素本身没有宽度,增加元素宽度。

如果一个元素本身没有设置宽度,且设置 margin-left、margin-right 为负值,会增元素本身的宽度。

在例 11.15 中,class 为".wrap"的元素为父元素,设置宽度为 800px; class 为". box"的元素为子元素,没有设置宽度与父元素宽度一致,但是通过 margin-right 设置了右外边距为 -100px,. box 元素的宽度将在右侧增加 100px,如图 11.24 所示。

例 11.15

```
1   <!DOCTYPE html>
2   <html>
3   <head>
4       <meta charset = "UTF-8">
5       <title>验证</title>
6       <style type = "text/css">
```

```
7              * {
8                  padding:0;
9                  margin:0;
10             }
11             .wrap{
12                 background-color:#666;
13                 width:800px;
14                 margin:100px auto 0;
15                 height:300px;
16                 font-size:30px;
17             }
18             .box{
19                 background-color:#999;
20                 margin-right:-100px;
21                 height:200px;
22             }
23         </style>
24     </head>
25     <body>
26         <div class="wrap">
27             最外层的宽度为800px
28             <div class="box">里层的元素设置了margin-right:-100px</div>
29         </div>
30     </body>
31 </html>
```

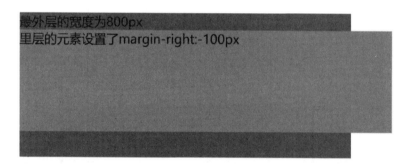

图 11.24 子元素设置 margin-right 为负数值增加宽度效果

（2）设置 margin-left 或 margin-right 为负数值，元素本身有宽度，会产生位移。

如果一个元素本身设置了宽度，再设置 margin-left 或 margin-right 为负值，元素将向设置为正数值相反的方向移动。

在例 11.16 中，".wrap"与".box"的<div>分别为父元素和子元素，子元素设置宽度为 700px，且设置 margin-left 值为－100px，如果 margin-left 值为 100px，子元素将向右移动 100px，与父元素的左边框有 100px 的留白，本例中 margin-left 设置的值为－100px，元素向左移动 100px。效果如图 11.25 所示。

例 11.16

```
1   <!DOCTYPE html >
2   < html >
3   < head >
4       < meta charset = "UTF-8">
5       < title >验证</title >
6       < style type = "text/css">
7           * {
8               padding:0;
9               margin:0;
10          }
11          .wrap{
12              background-color:♯666;
13              width:800px;
14              margin:100px auto 0;
15              height:300px;
16              font-size:30px;
17          }
18          .box{
19              background-color:♯999;
20              width:700px;
21              margin-left:-100px;
22              height:200px;
23          }
24      </style >
25  </head >
26  < body >
27      < div class = "wrap">
28          最外层的宽度为 800px
29          < div class = "box">里层的元素设置了 margin-left:-100px </div >
30      </div >
31  </body >
32  </html >
```

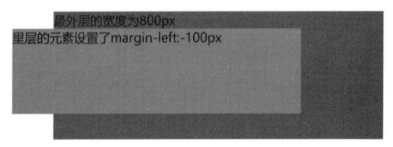

图 11.25 子元素设置 margin-left 为负数值向相反方向移动效果

(3) 设置 margin-top 为负数值,不论元素是否设置了高度,都不会增加高度,而是产生向上的位移。

在例 11.17 中,".wrap"与".box"分别为父元素和子元素,如果不对".box"元素设置外边距,效果如图 11.26 所示。

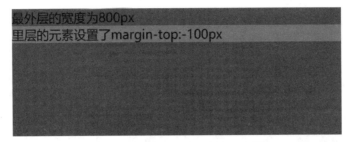

图 11.26 ".box"元素未设置外边距效果

为".box"元素设置 margin-top 为－100px,该元素向上移动 100px,如例 11.17 所示,效果如图 11.27 所示。

例 11.17

```
1    <!DOCTYPE html>
2    <html>
3    <head>
4        <meta charset = "UTF-8">
5        <title>验证</title>
6        <style type = "text/css">
7            *{
8                padding:0;
9                margin:0;
10           }
11           .wrap{
12               background-color:#666;
13               width:800px;
14               margin:100px auto 0;
15               height:300px;
16               font-size:30px;
17           }
18           .box{
19               background-color:#999;
20               margin-top:-100px;
21           }
22       </style>
23   </head>
24   <body>
25       <div class = "wrap">
26           最外层的宽度为 800px
27           <div class = "box">里层的元素设置了 margin-top:-100px</div>
28       </div>
29   </body>
30   </html>
```

（4）设置 margin-bottom 为负数值,不会产生位移,而是会减少自身供 CSS 读取的高度。

在例 11.18 中,".box"和".t"为前后兄弟元素,如果".box"没有设置 margin-bottom 属性,".t"元素将紧挨着".box"元素下方显示,如图 11.28 所示。

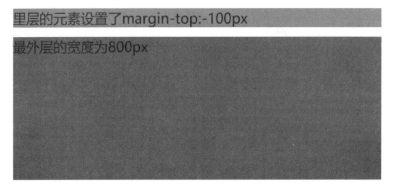

图 11.27 内层子元素设置 **margin-top** 为负数值向上移动效果

图 11.28 ".box"元素没有设置 **margin-bottom** 负数值紧挨着显示效果

为图 11.28 中的块元素".box"设置 margin-bottom 为−100px,如例 11.18 第 13 行代码。虽然元素本身高度在浏览器渲染出来后仍为 200px,但是它占有的文档流空间高度减小了 100px,下方的元素上移,如图 11.29 所示。

例 11.18

```
1    <!DOCTYPE html>
2    <html>
3    <head>
4        <meta charset = "UTF-8">
5        <title>验证</title>
6        <style type = "text/css">
7            * {
8                padding:0;
9                margin:0;
10           }
11           .box{
12               background-color:#999;
13               margin-bottom:-100px;
14               height:200px;
15           }
16           .t{
```

```
17              background-color:#666;
18              height:20px;
19              width:200px;
20          }
21       </style>
22    </head>
23    <body>
24       <div class="box">高度为200px</div>
25       <div class="t">高度为20px</div>
26    </body>
27 </html>
```

图 11.29　设置上方元素 margin-bottom 为负数值
占有文档流空间减少效果

11.5.2　margin 为负数值的常见布局应用

1. 左右固定,中间自适应(双飞翼)

三栏布局形式,中间栏自适应(放主要内容),左右两边宽度固定,如图 11.30 所示。

图 11.30　左右固定,中间自适应布局

在书写代码时,首先书写中间栏部分的代码,浏览器先渲染主要内容。

在例 11.19 中,".left"和".right"分别为左右两侧的盒子,写在中间盒子的后边,且这两个元素本身都设置了宽度属性和浮动属性(脱离正常文档流),在设置了水平的负外边距后将产生位移,移动到左右两侧。中间部分使用两个<div>标记嵌套,由于外层<div>标记(".main")的宽度为100%,子元素(.main_body)未设置宽度与父元素等宽,但设置了左右外边距为210px(与左右两侧盒子宽度加版块留白10px 相等),实现中间部分宽度自适应的效果。

281

例 11.19

```
1    <!DOCTYPE html>
2    <html lang="en">
3    <head>
4        <meta charset="UTF-8">
5        <title>左右列固定,中间列自适应布局</title>
6        <style type="text/css">
7            body{
8                margin:0;
9                padding:0;
10           }
11           .main{
12               float:left;
13               width:100%;
14           }
15           .main_body{
16               margin:0 210px;
17               background:#666;
18               height:200px;
19           }
20           .left,.right{
21               float:left;
22               width:200px;
23               height:200px;
24               background:#999;
25           }
26           .left{
27               margin-left:-100%;
28           }
29           .right{
30               margin-left:-200px;
31           }
32       </style>
33   </head>
34   <body>
35       <div class="main">
36           <div class="main_body">Main</div>
37       </div>
38       <div class="left">Left</div>
39       <div class="right">Right</div>
40   </body>
41   </html>
```

如果例 11.19 中的左右元素不设置负外边距,效果如图 11.31 所示。

2. 去除列表右边框

在实际应用中,对于图片列表,常常设计成两边对齐,中间元素平均分布,类似图 11.32 所示效果。通常每个列表之间设置一定的间距(margin-right),当父元素宽度固定时,每一

图 11.31 左右元素不设置负外边距效果

行最右端<li>元素的右边距就多余了。可以利用负边距水平方向在元素没有设置宽度时,会增加元素宽度的特点,解决这个问题。

图 11.32 极客学院最新课程列表

在例 11.20 中,一共有 6 个列表项,分两行显示,每个列表项宽度为 100px 并设置 margin-right 为 10px。外层"♯test"<div>的父元素的宽度为 320px,等于 3 个列表项加上前两个列表的右外边距,通过为<ul>设置 margin-right 为-10px,将<ul>的宽度设置为 330px,成功避免了列表项换行,使一行正好可以放下 3 个列表和它们的外边距,最终效果如图 11.33 所示。

例 11.20

```
1    <! DOCTYPE html >
2    < html lang = "en">
3    < head >
4        < meta charset = "UTF-8">
5        <title>去除列表右边框</title>
6        < style type = "text/css">
7            body,ul,li{ padding:0; margin:0;}
8            ul,li{ list-style:none;}
9            ♯ test{
10               width:320px;
11               height:210px;
```

```
12              background: #CCC;
13          }
14          #test ul{
15              margin-right:-10px;
16              overflow:hidden;
17          }
18          #test ul li{
19              width:100px;
20              height:100px;
21              background: #999;
22              margin-right:10px;
23              margin-bottom:10px;
24              float:left;
25          }
26      </style>
27  </head>
28  <body>
29      <div id = "test">
30          <ul>
31              <li>子元素1</li>
32              <li>子元素2</li>
33              <li>子元素3</li>
34              <li>子元素4</li>
35              <li>子元素5</li>
36              <li>子元素6</li>
37          </ul>
38      </div>
39  </body>
40  </html>
```

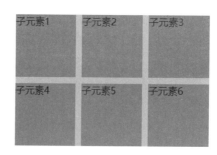

图 11.33　设置<ul>右外边距为负值效果

根据如图 11.33 所示的布局形式,可以仿制图 11.32 的图文列表,效果如图 11.34 所示。

在图 11.34 中,可以将所有的元素放置于一个“大容器”(updateclass)内,该栏目名称“最新课程”使用<h2>标记,课程的图文列表部分使用<ul>标记和<li>标记来实现,结构搭建如例 11.21 所示。

图 11.34   仿极客学院课程图文列表

例 11.21

```
1    <! DOCTYPE html >
2    < html lang = "en">
3    < head >
4        < meta charset = "UTF-8">
5        < title>最新课程</title>
6        < link rel = "stylesheet" type = "text/css" href = "style.css">
7    </head >
8    < body >
9        < div class = "updateclass">
10           < h2 >最新课程</h2 >
11           < ul >
12               < li class = "updateli">
13                   < a href = " # ">
14                       < img class = "updateli-img" src = "images/design.png" alt = "">
15                       < p class = "updateli-title">架构设计专项课程之异步化架构设计</p>
16                       < p class = "updateli-info">
17                           高级 < span >|</span >   8 门课
18                       </p >
19                   </a >
20               </li >
21               < li class = "updateli">
22                   < a href = " # ">
23                       < img class = "updateli-img" src = "images/hottitle.png" alt = "">
24                       < p class = "updateli-title">架构设计专项课程之页面静态化技术</p>
25                       < p class = "updateli-info">
26                           高级 < span >|</span >   8 门课
27                       </p >
28                   </a >
29               </li >
30               < li class = "updateli">
31                   < a href = " # ">
```

```
32                        < img class = "updateli-img" src = "images/pagedeep. jpeg" alt = "">
33                        < p class = "updateli-title">微博热门话题系统架构设计</p>
34                        < p class = "updateli-info">
35                            高级 < span >|</span>   8 门课
36                        </p>
37                    </a>
38                </li>
39                < li class = "updateli">
40                    < a href = "#">
41                        < img class = "updateli-img" src = "images/zero. jpeg" alt = "">
42                        < p class = "updateli-title">从零开始学架构</p>
43                        < p class = "updateli-info">
44                            高级 < span >|</span>   8 门课
45                        </p>
46                    </a>
47                </li>
48            </ul>
49        </div>
50    </body>
51    </html>
```

例 11. 21 中,通过设置类样式为"updateclass"的< div >元素的子元素< ul >的 margin-right 值为－20px,且< ul >元素本身没有宽度,来增加它的宽度,使最后一个列表项不至于换行,具体样式如例 11. 22 所示。

例 11. 22

```
1    body,ul,li,p{
2        padding:0;
3        margin:0;
4        font-family:'microsoft yahei';
5    }
6    a{
7        text-decoration:none;
8    }
9    ul{
10       list-style:none;
11   }
12   body{
13       background:#f4f4f4;
14   }
15   .updateclass{
16       position:relative;
17       width:1000px;
18       margin:10px auto 0;
19   }
20   .updateclass h2{
```

```
21          height:60px;
22          line-height:60px;
23          text-align:left;
24          font-size:18px;
25          color:#333;
26      }
27      .updateclass ul{
28          font-size:0;
29          margin-right:-20px;
30          overflow:hidden;
31      }
32      .updateclass .updateli{
33          display:inline-block;
34          width:235px;
35          height:240px;
36          vertical-align:top;
37          background:#fff;
38          margin-right:20px;
39      }
40      .updateclass .updateli>a{
41          display:block;
42          width:100%;
43          height:100%;
44      }
45      .updateclass .updateli-img{
46          display:block;
47          height:157px;
48      }
49      .updateclass .updateli-title{
50          padding:10px 15px 0;
51          font-size:13px;
52          color:#333;
53          line-height:18px;
54          height:46px;
55          margin-bottom:4px;
56          overflow:hidden;
57          text-align:justify;
58      }
59      .updateclass .updateli-info{
60          font-size:12px;
61          line-height:22px;
62          height:22px;
63          overflow:hidden;
64          color:#999;
65          padding-left:15px;
66          text-align:justify;
67      }
```

在例 11.22 的第 28 行代码中,< ul >的 font-size 值为什么为 0 呢?

可以利用 font-size:0;解决行内元素间的空白间隙。为了页面代码的整洁和可读性,开发人员往往会设置一些适当的缩进、换行,但当元素的显示属性值为 inline 或 inline-block 时,这些缩进、换行会产生空白。

在例 11.23 中,以< ul >元素和< li >元素为例,看似这些< li >元素应该在同一行,但是结果却如图 11.35 所示。

例 11.23

```
1   <!DOCTYPE html >
2   < html lang = "en">
3   < head >
4       < meta charset = "UTF-8">
5       < title >ul 中 li 之间的空白</title >
6       < style type = "text/css">
7           ul {
8               list-style:none;
9           }
10          li {
11              width:25 % ;
12              display:inline-block;
13              background:green;
14              text-align:center;
15              height:40px;
16              line-height:40px;
17          }
18      </style >
19  </head >
20  < body >
21      < ul >
22          <li >我是第一项</li >
23          <li >我是第二项</li >
24          <li >我是第三项</li >
25          <li >我是第四项</li >
26      </ul >
27  </body >
28  </html >
```

图 11.35 < li >元素由于代码的换行未在一行展示

最合适的方法就是给< li >元素的父元素< ul >设置 font-size:0;,再给< li >元素设置需要的字号即可达到所需效果,如图 11.36 所示。

这里是内容1	这里是内容2	这里是内容3	这里是内容4

图 11.36　设置 font-size:0； 后列表项一行展示

3. 去除列表最后一个元素的 border-bottom

有时,使用<li>标记来模拟表格,在给<li>标记添加下边距时,最后一个<li>标记表格会和父元素的边框相邻,显得整个"表格"的底部边框比其他方向上的边框粗一些。

在例 11.23 中,为<ul>和<li>元素都设置了 1px 宽度的边框,<li>元素边框与<ul>元素边框紧挨在一起,最后下边框变粗为 2px,效果如图 11.37 所示。

例 11.24

```
1    <!DOCTYPE html>
2    < html lang = "en">
3    < head >
4        < meta charset = "UTF-8">
5        < title > Document </title>
6        < style type = "text/css">
7            ul.table{
8                border:1px #ccc solid;
9                margin-top:100px;
10           }
11           ul:table li{
12               border-bottom:1px #ccc solid;
13               list-style:none;
14           }
15       </style>
16   </head>
17   < body >
18       < ul class = "table">
19           < li > li 元素</li>
20           < li > li 元素</li>
21           < li > li 元素</li>
22           < li > li 元素</li>
23           < li >最后的 li 元素</li>
24       </ul>
25   </body>
26   </html>
```

在例 11.25 中,通过设置<li>元素的 margin-bottom:-1px;,由于 margin-bottom 设为负数值导致下方元素上移,正好最后一个<li>元素的边框与<ul>元素的重合在一起,且只显示父元素边框,效果如图 11.38 所示。

图 11.37   最后 < li > 元素边框与 < ul > 元素边框紧挨变粗

例 11.25

```
1    <!DOCTYPE html>
2    < html lang = "en">
3    < head >
4        < meta charset = "UTF-8">
5        < title >去除列表项最后一个 li 元素的 border-bottom </title>
6        < style type = "text/css">
7            body, ul, li{margin:0;padding:0;}
8            ul, li{list-style:none;}
9            # test{
10               margin:20px;
11               width:390px;
12               background: # F4F8FC;
13               border:2px solid # D7E2EC;
14           }
15           # test li{
16               height:25px;
17               line-height:25px;
18               padding:5px;
19               border-bottom:1px dotted green;
20               margin-bottom:-1px;
21           }
22       </style >
23   </head >
24   < body >
25       < ul id = "test">
26           < li > Test </li>
27           < li > Test </li>
28           < li > Test </li>
29           < li > Test </li>
```

```
30              <li> Test </li>
31          </ul>
32      </body>
33  </html>
```

图 11.38　margin-bottom 下方元素上移边框重合效果

第 12 章 项目案例

本章学习目标

- 掌握网页效果图切图技巧。
- 掌握项目的开发流程。

12.1 企业网站首页面

前面介绍了一些 HTML 与 CSS 的知识,以及在制作页面时的使用技巧。假如现在 Web 开发人员拿到了设计部同事交付的一张网页界面设计稿,如图 12.1 所示,那该如何一步一步地制作成静态页面呢?

图 12.1 网加科技首页(一)

　　图12.1中显示"网络一站式服务平台"的大图片是一个由三张图片组成的轮播特效,其余两张 banner 轮播时首页效果图分别如图 12.2 和图 12.3 所示。

图 12.2　网加科技首页(二)

图 12.3　网加科技首页(三)

通过分析页面结构,得出页面的架构形式如图 12.4 所示。

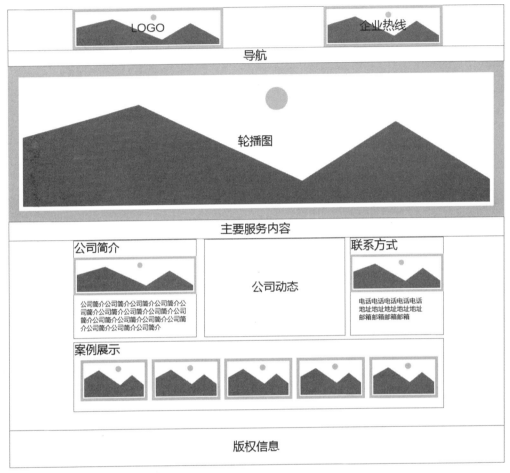

图 12.4　网加科技首页产品图

在实际项目流程中,一般会根据站点的功能和展示的内容,先规划出类似图 12.4 的产品图,并与客户进行沟通,确定后再进行配色和页面细节的设计,设计出如图 12.1~图 12.3 的效果图,再根据效果图制作成静态页面。

12.1.1　切图

在拿到效果图之后,首先需要进行切图(本书用 Photoshop 工具切图),也就是将效果图中的部分素材图像(如 Logo、banner 等)提取出来,制作页面时备用。

在切图之前,首先需要分析页面布局,分析制作网页需要的素材图像,为了更精确地将需要的素材提取出来,可以先在效果图中围绕素材图像拖出若干参考线,如图 12.5 所示。

切图可以使用 Photoshop 中的切片工具　拖曳出如图 12.6~图 12.11 所示的切片小图。

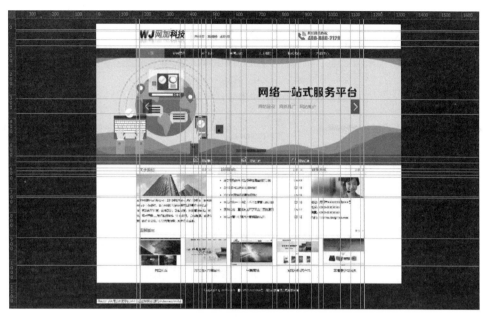

图 12.5 使用 Photoshop 工具在网页效果图上拖出若干参考线

图 12.6 Logo 切片

图 12.7 服务热线切片

图 12.8 关于我们素材切片

图 12.9 联系方式素材切片

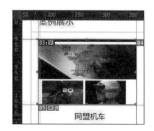

图 12.10 产品展示图切片

图 12.11　中间快速导航中 icon 切片

其中,图 12.6 的 Logo 和图 12.7 、图 12.11 中的 icon 一般需要将背景全部隐藏为透明不可见,并将所切得的素材图像保存为 png 格式,其余的实景素材用 jpg 格式即可。

此外,页面中需要使用的文本颜色和背景颜色可以在 Photoshop 中使用吸管工具 提取颜色值。

在制作页面时,还需要知道页面中某些部分的详细尺寸,如头部的高度、导航的高度、单个栏目导航条的宽度、某个栏目的宽度、文本字号大小、栏目版块之间的宽度等。可以使用 Photoshop 中的矩形选框工具 ,用鼠标左键拖曳光标右下的测量标签,可显示宽高。

如图 12.12 所示,使用 PxCook 工具可快速对图像的某些部分标注尺寸,也可以标注颜色值。关于 PxCook 工具本书不做详细介绍,有兴趣的读者可自行查阅相关资料。

图 12.12　使用 PxCook 工具为效果图添加尺寸标注

12.1.2 文件规划

由于创建网页需要的文件可能会非常多,页面制作之前,首先需要对各种文件的存储目录做统一规划。例如,要将所有网页相关的文件放在一个叫作 myweb 的文件夹内,这个文件夹叫做网站的根目录,那么该文件夹的目录规划如图 12.13 所示。

图 12.13 网站根目录结构

其中,myweb 根目录下的所有 .html 文件为使用 HTML 书写的静态页面结构文件;css 文件夹存放页面的样式表文件;img 文件夹存放所有页面引用的素材图像;js 文件夹储存页面引用的 .js 文件。

在 css 文件夹中,准备好了一个用来重置浏览器默认样式的样式表文件 normal.css,文件具体代码如例 12.1 所示。在后面制作页面时,需要在头部标记内先链入这个样式表文件。

例 12.1

```
1    @charset "utf-8";
2    * {
3        margin:0;
4        padding:0;
5    }
6    body {
7        color:#252525;
8        font:12px/18px Microsoft YaHei, Verdana, Geneva, sans-serif;
9        background-repeat:repeat;
10   }
11   ol, ul {
12       list-style:none outside none;
13   }
14   img {
15       border:none;
16   }
17   /* 前台 a 标记样式 */
18   a:link, a:visited {
19       color:#444444;
20       text-decoration:none;
```

```
21        outline:none;
22    }
23    a:hover, a:active {
24        color:#874128;
25        text-decoration:none;
26        outline:none;
27    }
28    .clear {
29        clear:both;
30    }
```

12.1.3 制作顶部

1. 结构分析

顶部包括网站头部信息(包含 Logo、热线电话)和导航两个部分,通栏展示,需要最外层有一个通长的<div>元素(.top)。其中,头部信息部分定长居中,放在一个<div>元素(.top_head)中,网站 Logo 和热线电话都使用图像<img/>标记实现,各放在一个<div>元素中。导航条通长,放在一个通长的<div>元素(.top_mainnav)中,导航各部分可以使用<ul>元素和<li>元素来定义,单击导航文字能够跳转到相应的栏目中,需要在<li>元素中添加超链接标记<a>,如图 12.14 所示。

图 12.14 顶部页面结构

2. 样式分析

最外层的<div>元素(.top)宽度与浏览器窗口等宽,需要设置 width:100%。其中,头部信息部分的<div>元素(.top_head)固定宽度,且居中,需设置 margin:0 auto。放置网站 Logo 图像的<div>元素(.top_logo)居左,需设置 float:left;放置热线电话图像的<div>元素(.top_info)居右,需设置 float:right。导航的通常部分需设置 width:100%,且需要设置深色的导航背景。导航主体部分的<div>元素(.top_nav)设置固定长度,且水平居中,需设置 margin:0 auto。内层的导航条需要设置鼠标指针悬浮的样式。

3. 效果制作

在站点根目录下创建一个文件名为 index 的 HTML 文件,首先制作头部效果。

1)搭建结构

使用<div>标记定义了网站的顶部,分为头部(包含 Logo 和热线电话)和导航两大部分,添加类名,使用类样式进行定位。使用无序列表定义导航,并且给第一个栏目额外添加类名,单独添加样式,如例 12.2 所示。

例 12.2

```
1    <!DOCTYPE html>
2    <html lang = "en">
3    <head>
4        <meta charset = "UTF-8">
5        <title>网加科技有限公司</title>
6        <link rel = "stylesheet" href = "style/normal.css">
7        <link rel = "stylesheet" href = "style/index.css">
8    </head>
9    <body>
10       <!-- 头部 -->
11       <div class = "top">
12           <div class = "top_head">
13           <!-- 网站 Logo -->
14               <div class = "top_logo">
15                   <img src = "images/logo.png" width = "400" height = "100" alt = "网站
                     Logo" title = "网站 Logo">
16               </div>
17               <div class = "top_info">
18                   <img src = "images/dh.png" width = "301" height = "96">
19               </div>
20           </div>
21           <div class = "clear"></div>
22           <!-- 导航 -->
23           <div class = "top_mainnav">
24               <div class = "top_nav navlink">
25                   <ul>
26                       <li class = "home"><a href = "#"><span>主页</span></a></li>
27                       <li><a href = "#"><span>案例展示</span></a></li>
28                       <li><a href = "#"><span>关于我们</span></a></li>
29                       <li><a href = "#"><span>新闻动态</span></a></li>
30                       <li><a href = "#"><span>人才招聘</span></a></li>
31                       <li><a href = "#"><span>联系我们</span></a></li>
32                       <li><a href = "#"><span>产品中心</span></a></li>
33                   </ul>
34                   <div class = "clear"></div>
35               </div>
36           </div>
37       </div>
38   </html>
```

在例 12.2 中,第 34 行代码用来清除浮动元素对高度的影响。

2) 添加样式

例 12.2 的第 6 行代码引入了 normal.css 文件重置浏览器的默认样式。在站点根目录下的 css 文件夹内创建 index.css 文件作为首页的样式表文件,添加网页顶部的样式代码,如例 12.3 所示。

299

例 12.3

```
1    /* 头部样式 */
2    .top{
3        margin:0 auto;
4        background-color:#ffffff;
5    }
6    .top .top_head{
7        width:982px;
8        margin:0 auto;
9        position:relative;
10       height:100px;
11       padding:0 10px;
12   }
13   .top_logo{
14       float:left;
15   }
16   .top_info{
17       float:right;
18   }
19   /* 导航样式 */
20   .top_mainnav{
21       background-color:#292929;
22   }
23   .top_nav{
24       z-index:1;
25       height:40;
26       width:1002px;
27       margin:0 auto;
28       font-family:Microsoft YaHei;
29   }
30   .navlink li{
31       float:left;
32       height:40px;
33   }
34   .navlink li a:link,.navlink li a:visited,.navlink li a:active{
35       width:125px;
36       height:40px;
37       line-height:40px;
38       display:inline-block;
39       text-decoration:none;
40       text-align:center;
41       color:#fff;
42       font-size:14px;
43   }
44   .navlink li.home,.navlink li a:hover{
45       background-color:#f16e05;
46   }
```

例 12.3 中,通栏显示的盒子需设置 width:100%;固定宽度居中显示的盒子需设置 margin:0 auto;头部的 Logo 和热线电话部分分别设置左浮动 float:left 和右浮动 float:right。

12.1.4 制作轮播图

1. 结构分析

轮播图通栏显示,将所有轮播部分放入一个类名为 slidebanner 的大盒子<div>中。轮播整体分为三部分:轮播项目(实现轮播的图片)、轮播指标(下方长条)、轮播导航(左右箭头)。轮播项目放在类名为 hd 的<div>中,轮播指标放在类名为 hd 的<div>中,轮播导航使用<span>标记,类名分别为 pre(上一张)和 next(下一张)。轮播项目和轮播指标都采用<ul>标记和<li>标记搭建。单击轮播项目的图片时,应能够打开相应页面,因此<li>标记中,需要添加超链接标记,图片使用<img/>标记,结构如图 12.15 所示。

图 12.15 轮播图部分结构

这里使用 JavaScript 实现轮播,为了方便使用 SuperSlide v2.1 插件,结构按照插件要求的结构搭建,在 HTML 文件头部引入插件中的 JavaScript 代码即可。

2. 样式分析

由于该轮播展示为通长,且内部元素有层叠起来展示的效果,最外层盒子.slidebanner 的<div>元素需设置宽度为 100%,且 position:relative,使其他元素能够在其内进行相对定位。轮播指标(下方的矩形条,指示正在展示的是第几张轮播图)和轮播导航(轮播图左右的箭头)都是半透明效果,需要使用 filter:alpha(opacity=50);设置不透明度为 50%。

3. 效果制作

1) 搭建结构

在 index.html 文件顶部的<div>结束标记之后添加代码,如例 12.4 所示。

例 12.4

```
1    <div class = "slidebanner">
2        <div class = "bd">
```

301

```
3          < ul >
4              < li _src = url( images/1. jpg)>< a href = " # "></a></li>
5              < li _src = url( images/2. jpg)>< a href = " # "></a></li>
6              < li _src = url( images/3. jpg)>< a href = " # "></a></li>
7          </ul >
8        </div >
9        < div class = "hd">
10           < ul ></ul >
11       </div >
12       < span class = "prev"></span >
13       < span class = "next"></span >
14   </div >
```

例 12.4 中,轮播图不直接采用< img/>标记,而是给类样式为 bd 的< div >标记中的< li >元素添加 src 属性,属性值为图像路径的地址,再通过 JavaScript 代码向嵌套在此< li >元素的< a >标记中添加< img >标记。

2) 添加样式

在 index. css 文件中添加控制轮播图的 CSS 样式代码,如例 12.5 所示。

例 12.5

```
1    .slidebanner{
2        width:100 % ;
3        height:410px;
4        position:relative;
5        background: # 000;
6    }
7    / * 轮播图像部分 * /
8    .slidebanner .bd{
9        margin:0 auto;
10       position:relative;
11       z-index:0;
12       overflow:hidden;
13   }
14   .slidebanner .bd ul{
15       width:100 % ! important;
16   }
17   .slidebanner .bd li{
18       width:100 % ! important;
19       height:410px;
20       overflow:hidden;
21       text-align:center;
22       background: # E2025E center 0 no-repeat;
23   }
24   .slidebanner .bd li a{
25       display:block;
```

```
26        height:410px;
27    }
28    /* 轮播切换控制 */
29    .slidebanner .hd{
30        width:100%;
31        position:absolute;
32        z-index:1;
33        bottom:0;
34        left:0;
35        height:30px;
36        line-height:30px;
37    }
38    .slidebanner .hd ul{
39        text-align:center;
40    }
41    .slidebanner .hd ul li {
42        cursor:pointer;
43        display:inline-block;
44        *display:inline;
45        zoom:1;
46        width:42px;
47        height:11px;
48        margin:1px;
49        overflow:hidden;
50        background:#000;
51        filter:alpha(opacity=50);
52        opacity:0.5;
53        line-height:999px;
54    }
55    .slidebanner .hd ul .on{
56        background:#f00;
57    }
58    /* 轮播切换左右 */
59    .slidebanner .prev,.slidebanner .next{
60        display:block;
61        position:absolute;
62        z-index:1;
63        top:50%;
64        margin-top:-30px;
65        left:15%;
66        z-index:1;
67        width:40px;
68        height:60px;
69        background:url(../images/slider-arrow.png) -126px -137px #000 no-repeat;
70        cursor:pointer;
71        filter:alpha(opacity=50);
72        opacity:0.5;
73        display:none;
74    }
```

```
75    .slidebanner .next {
76        left:auto;
77        right:15%;
78        background-position:-6px -137px;
79    }
```

3）添加行为

将下载的 SuperSlide v2.1 插件中 JavaScript 文件全部放在网站根目录下的以 js 命名的文件夹内。在头部标记中添加实现轮播需要的 JavaScript 代码。其中，第 1 行代码为引入 jQuery 插件，第 3 行和第 4 行代码引入的是实现轮播的 JavaScript 代码。

```
1    <script type="text/javascript" src="js/jquery.js"></script>
2    <!-- 轮播特效 js -->
3    <script type="text/javascript" src="js/superslide.2.1.js"></script>
4    <script type="text/javascript" src="js/slider.js"></script>
```

12.1.5   制作业务快速导航

业务快速导航模块位于轮播图下方，呈现公司提供的主要业务，用户通过单击业务图标或者文字可快速打开业务介绍的相关页面。

1. 结构分析

整个业务快速导航为通长，放在 id 为 providebg 的< div >标记中。中间呈现业务导航的部分为固定长度，放在类名为 providecontent 的< div >标记中。3 个业务的图标与文本分别放在 3 个< div >标记中，并在其中嵌套超链接标记< a >。业务导航的图标使用< img/>标记。其结构如图 12.16 所示。

图 12.16   业务快速导航结构

2. 样式分析

业务快速导航模块最外层 id 属性值为 providebg 的< div >标记需设置背景颜色为♯ac3e00，宽度为 100％。类名为 providecontent 的< div >标记设置宽度为 630px，且使用 margin:0 auto 水平居中。分别使用 3 个< div >标记来放置业务导航，需设置 float:left 在一行展示。

3. 效果制作

1）搭建结构

在放置轮播图的</div>结束标记之后添加下列代码，如例 12.6 所示。

例 12.6

```
1    <!-- 业务快速导航 -->
2        <div id = "providebg">
3            <div class = "providecontent">
4                <div class = "provideinner">
5                    <a href = "#">
6                        <img src = "images/Home.png" alt = "">
7                        网站建设
8                    </a>
9                </div>
10               <div class = "provideinner">
11                   <a href = "#">
12                       <img src = "images/chart.png" alt = "">
13                       网站营销
14                   </a>
15               </div>
16               <div class = "provideinner">
17                   <a href = "#">
18                       <img src = "images/compas.png" alt = "">
19                       网站运维
20                   </a>
21               </div>
22           </div>
23       </div>
```

2) 添加样式

在 index.css 文件中继续添加控制业务快速导航的 CSS 样式,如例 12.7 所示。

例 12.7

```
1    /* 业务快速导航 */
2    #providebg{
3        background-color:#ac3e00;
4        height:44px;
5        width:100%;
6    }
7    .providecontent{
8        width:630px;
9        height:28px;
10       margin:0 auto;
11       color:#fff;
12       padding-top:8px;
13       text-align:center;
14   }
15   #providebg .provideinner{
16       float:left;
17       width:210px;
```

```
18          vertical-align:middle;
19      }
20   .provideinner a:link,.provideinner a:visited{
21          color:#fff;
22      }
23   #providebg .provideinner img{
24          width:24px;
25          height:24px;
26          margin-right:10px;
27          text-align:center;
28      }
```

12.1.6　制作主要内容区域

主要内容区域模块位于整个首页比较靠上的位置,展示网站重要的信息。这一主要内容栏分为三栏,展示"关于我们""新闻动态""联系方式"。

1. 结构分析

首先,使用 id 属性值为 content 的作为最外层容器,分别为左、中、右三栏分别设置应用类样式 inner1、inner2、inner3,如图 12.17 所示。

图 12.17　主要内容区域结构

类样式为 inner1 的< div >结构如图 12.18 所示。标题栏采用< p >标记实现,更多使用< img/>标记嵌套在< span >标记内。中间的图像和公司介绍放在一个< div >标记中。其结构如图 12.18 所示。

图 12.18　"关于我们"版块结构

在类样式为 inner2 的< div >标记中,"新闻动态"标题栏使用< p >标记实现,"更多"使用< img/>标记嵌套在< span >标记内。下方最近更新的新闻列表放在一个< div >中,新闻列表使用< ul >标记和< li >标记,新闻列表项中的日期使用< span >标记,标题为超链接放在< a >标记中。其结构如图 12.19 所示。

如图 12.20 所示,类样式为 inner3 的< div >标记

306

中,"联系方式"标题栏使用<p>标记,"更多"使用<img/>标记嵌套在<span>标记内。客服图片和通讯信息放在一个<div>标记中。

新闻动态	p	img
苏宁易购去年未达标架构调整剑指京东 li>a		span
苏宁易购去年未达标架构调整剑指京东		05-14
苏宁易购去年未达标架构调整剑指京东		05-14
苏宁易购去年未达标架构调整剑指京东 div>ul		05-14
苏宁易购去年未达标架构调整剑指京东		05-14
苏宁易购去年未达标架构调整剑指京东		05-14

图 12.19　"新闻动态"版块结构　　　　　图 12.20　"联系方式"版块结构

三栏的标题都有加粗的效果,嵌套在<strong>标记内。

2. 样式分析

整个主要内容区域居中展示,需设置整个宽度为 1000px,且设置 margin:10px auto、上下 10px、外边距左右居中。其中,inner1、inner2 的<div>设置为 float:left,inner3 的<div>设置为 float:right,三栏分别设置宽度为 335px、375px、250px。

三个版块中,"更多"的超链接嵌套的<span>标记内,放在各栏目标题栏<p>标记的开始标记之后,需设置 float:right,使它们居右显示。每个栏目标题栏下有一条横线,设置<p>标记的背景图像实现,该背景图像与标题栏等高,为 PNG 格式,下方为一条灰线。

类属性值为 inner2 的第 2 个版块新闻列表列表符号设置 list-style-type:disc;,每条新闻标题及新闻发表时间嵌套在<li>标记中,发表时间嵌套在<span>标记内,该<span>标记写在<li>的开始标记之后,设置<span>标记为 float:right。

3. 效果制作

1)搭建结构

在快速业务导航的</div>结束标记之后添加如例 12.8 所示的代码。

例 12.8

```
1        <!-- 主要内容区域 -->
2        <div id = "content">
3            <!-- 左侧 -->
4            <div class = "inner1">
5                <p>
6                    <span>
7                        <a href = "#">
8                            <img src = "images/more1.png" alt = "">
9                        </a>
```

```
10                    </span>
11                    <strong>关于我们</strong>
12                 </p>
13                 <div>
14                    <img src = "images/20140220155815681568.jpg" alt = "">
15                    <br>
16    成都网加科技有限公司于 2010 年 8 月成立,拥有 10 年以上的互联网行业工作经验。目前网加
      提供的业务范围涵盖企业网站建设、移动 App 开发、软件定制、动画研发、网络营销与推广优化、
      电子商务……我们始终坚持"开放创新、真诚服务、成就你我"的企业文化,提供优质服务,助力
      企业成长。
17                 </div>
18              </div>
19              <!-- 中间 -->
20              <div class = "inner2">
21                 <p>
22                    <span>
23                       <a href = "#">
24                          <img src = "images/more1.png" alt = "">
25                       </a>
26                    </span>
27                    <strong>新闻动态</strong>
28                 </p>
29                 <div class = "dtlist">
30                    <ul>
31                       <li>
32                          <span>05-20</span>
33                          <a href = "#">苏宁易购去年未达标架构调整剑指京东</a>
34                       </li>
35                       <li>
36                          <span>05-19</span>
37                          <a href = "#">2019 年网站优化要如何做?</a>
38                       </li>
39                       <li>
40                          <span>05-18</span>
41                          <a href = "#">2019 年网站优化要如何做?</a>
42                       </li>
43                       <li>
44                          <span>05-16</span>
45                          <a href = "#">网站优化一直排名上不了百度首页的原因</a>
46                       </li>
47                       <li>
48                          <span>05-14</span>
49                          <a href = "#">网站优化一直排名上不了百度首页的原因</a>
50                       </li>
51                       <li>
52                          <span>05-12</span>
53                          <a href = "#">网站运营中提高用户复购率的技巧</a>
54                       </li>
55                    </ul>
```

```
56                </div>
57            </div>
58            <!-- 右侧 -->
59            <div class = "inner3">
60                <p>
61                    <span>
62                        <a href = "#">
63                            <img src = "images/more1.png" alt = "">
64                        </a>
65                    </span>
66                    <strong>联系方式</strong>
67                </p>
68                <div class = "contact">
69                    <img src = "images/20140220154924552455.jpg" alt = "">
70                    地址：成都市 XXXXXXX 路 XXX 号
71                    <br>
72                    电话：0000-00000000
73                    <br>
74                    传真：0000-00000000
75                    <br>
76                    邮箱：123456789@163.com
77                </div>
78            </div>
79            <div class = "clear"></div>
80        </div>
```

由于中间三栏都设置了浮动属性,使 3 个盒子脱离正常文档流,在例 12.8 主要内容区域的结束</div>标记之前需添加一个空<div>标记,清除左右两侧的浮动,如例 12.8 第 79 行代码。

2）添加样式

在 index.css 文件中继续添加控制主要内容区域的 CSS 样式,如例 12.9 所示。

例 12.9

```
1    /* 主要内容区域 */
2    #content{
3        width:1000px;
4        margin:10px auto;
5    }
6    /* 内容区域左侧 */
7    .inner1{
8        float:left;
9        width:335px;
10       line-height:22px;
11   }
12   .inner1 p{
13       height:30px;
```

```
14        background:url(../images/linn.png);
15        color:#f98315;
16        font-size:16px;
17        padding-left:14px;
18    }
19    .inner1 p span{
20        float:right;
21    }
22    /* 内容区域中间 */
23    .inner2{
24        float:left;
25        width:375px;
26        margin:0px 20px;
27    }
28    .inner2 p{
29        height:30px;
30        background:url(../images/linn.png);
31        color:#f98315;
32        font-size:16px;
33        padding-left:14px;
34    }
35    .inner2 p span{
36        float:right;
37    }
38    .inner2 .dtlist{
39        padding:10px;
40    }
41    .inner2 .dtlist ul{
42        list-style-type:disc;
43        list-style-position:inside;
44    }
45    .inner2 .dtlist ul li{
46        line-height:30px;
47        border-bottom:dotted 1px #999999;
48        display:list-item;
49    }
50    .inner2 .dtlist ul li span{
51        float:right;
52    }
53    /* 内容区域右侧 */
54    .inner3{
55        float:left;
56        width:250px;
57    }
58    .inner3 p{
59        height:30px;
60        background:url(../images/linn.png);
61        color:#f98315;
62        font-size:16px;
```

```
63        padding-left:14px;
64    }
65    .inner3 p span{
66        float:right;
67    }
68    .inner3 .contact{
69        padding:10px;
70        line-height:22px;
71    }
```

12.1.7　制作案例展示

1. 结构分析

使用类样式为 imglist 的< div >标记作为整个案例展示部分的容器。整个案例展示分为上下两部分。上边部分为栏目标题栏,使用< p >标记,其中标题栏右侧的"更多"使用< img >标记,单击"更多"能够打开案例展示列表页面,所以图像标记外层添加< a >标记,栏目标题"案例展示"4 个字放在< strong >标记内。下边部分展示内容使用< ul >标记和< li >标记,每个列表项内是展示的案例图像和标题,图像和标题都嵌套在超链接< a >标记内部,案例标题的超链接标记嵌套在< p >标记内。案例展示区域结构如图 12.21 所示。

图 12.21　案例展示区域结构

2. 样式分析

作为整个案例展示部分容器的< div >标记需设置 imglist 类选择器宽度为 1000px,上下各留一些空白且左右居中显示。案例展示的标题栏高度为 30px,使用背景图像 linn.png 实现栏目标题下的灰线,嵌套在标题栏中放"更多"图像的< span >标记需设置右浮动 float: right。案例展示每个列表项的< li >标记需设置左浮动 float:left,并留出外边距 10px;列表项中的< img >标记设置边框框度为 1px,实现灰色(♯dadada)边框,且内部留白设置 padding:1px;列表项中的案例标题设置水平居中 text-align:center。

3. 效果制作

1) 搭建结构

在"主要内容"区域的结束</div>标记后添加代码,如例 12.10 所示。

例 12.10

```
1    <div class = "imglist">
2        <p>
3            <span>
4                <a href = "#">
5                    <img src = "images/more1.png" alt = "">
6                </a>
7            </span>
8            <strong>案例展示</strong>
9        </p>
10       <ul>
11           <li>
12               <a href = "#">
13                   <img src = "images/product1.jpg" alt = "">
14               </a>
15               <p>
16                   <a href = "#">同盟机车</a>
17               </p>
18           </li>
19           <li>
20               <a href = "#">
21                   <img src = "images/product2.jpg" alt = "">
22               </a>
23               <p>
24                   <a href = "#">河北恒久古建园林</a>
25               </p>
26           </li>
27           <li>
28               <a href = "#">
29                   <img src = "images/product3.jpg" alt = "">
30               </a>
31               <p>
32                   <a href = "#">中冀商城</a>
33               </p>
34           </li>
35           <li>
36               <a href = "#">
37                   <img src = "images/product4.jpg" alt = "">
38               </a>
39               <p>
40                   <a href = "#">湖北宏福农产品</a>
41               </p>
42           </li>
43           <li>
44               <a href = "#">
45                   <img src = "images/product5.jpg" alt = "">
46               </a>
```

```
47                    < p >
48                   < a href = " # ">菲博泰公司网页</a>
49                   </p>
50                </li>
51             </ul>
52     </div>
53     < div class = "clear"></div>
```

例 12.10 第 53 行代码为< div class＝"clear"></div>,其中,clear 的类样式设置 clear:both;,用于清除前边的浮动元素对版式的影响,使后边的网页底部能够正常排列。若去掉此行代码,则网页底部版权信息会向上移动错位显示,大家可自行尝试。

2) 添加样式

在 index.css 中继续添加控制案例展示部分的样式,如例 12.11 所示。

例 12.11

```
1     / * 案例展示 * /
2     .imglist{
3         margin:20px auto;
4         width:1000px;
5     }
6     .imglist p{
7         height:30px;
8         background:url(../images/linn.png);
9         color: # f98315;
10        font - size:16px;
11        padding-left:14px;
12    }
13    .imglist p span{
14        float:right;
15    }
16    .imglist ul li{
17        float:left;
18        width:180px;
19        margin:10px;
20    }
21    .imglist ul li img{
22        width:180px;
23        height:115px;
24        background-color: # fff;
25        border:solid 1px # dadada;
26        padding:1px;
27    }
28    .imglist ul li p{
29        font-size:14px;
30        text-align:center;
31        line-height:30px;
32        background:none;
33    }
```

313

12.1.8　制作网页底部的版权信息

1. 结构分析

版权信息部分使用两个<div>标记嵌套实现,外层<div>标记为设置类样式 bottom,是版权容器;内层<div>标记放实际的版权内容,设置类样式 bottom_info。版权信息的区域结构如图 12.22 所示。

图 12.22　版权信息区域结构

2. 样式分析

外层容器的 bottom 类样式需设置留白、高度、内填充属性,宽度为浏览器宽度的 100%;设置背景颜色为#292929,文本颜色为白色。

内层容器设置宽度与主要内容区域等宽,即 1000px,水平居中;文本为水平居中对齐。

3. 效果制作

1)搭建结构

在案例展示区域的结束</div>标记后添加代码,如例 12.12 所示。

例 12.12

```
1    < div class = "bottom">
2            < div class = "bottom_info">
3                    Copyright &copy; 2020-2028   蜀 ICP 备 12012099 号   网
                加科技有限公司版权所有
4            </ div >
5    </ div >
```

2)添加样式

在 index.css 中继续添加控制版权信息部分的样式,如例 12.13 所示。

例 12.13

```
1    .bottom{
2        margin:30px auto 0;
3        height:68px;
4        width:100 % ;
5        background-color:# 292929;
6        color:# fff;
```

```
 7          overflow:hidden;
 8          padding:10px 0;
 9    }
10    .bottom_info{
11          width:1000px;
12          margin:0 auto;
13          text-align:center;
14          height:30px;
15          padding-top:10px;
16    }
```

12.2 电子商务网站首页面

电子商务也是生活中常见的网页类型,下边来分析如图 12.23 所示"美乐优品"电子商务首页面的制作过程。

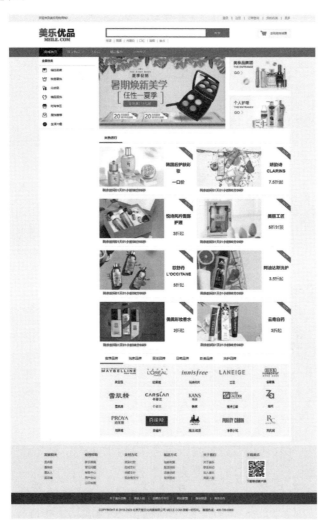

图 12.23 "美乐优品"电子商务首页面

315

12.2.1 整体结构分析

如图 12.23 所示,为一个女性用品团购网站的首页。从整体上看,可以将页面分为三大组成部分,如图 12.24 所示。

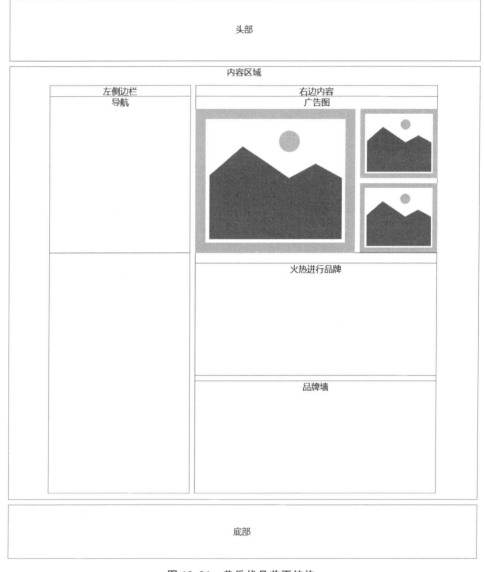

图 12.24 美乐优品首页结构

其中,头部分为顶部欢迎语、注册、登录等链接栏,中间 Logo、搜索、购物车链接栏,下方网站导航栏。内容区域分为左右两栏,左侧列为垂直导航;右侧列为首页展示的主要内容,最上方是广告图,分为三块,广告版块下方是正在团购的一些品牌及折扣信息,最下方是分类展示入驻商城的品牌。网站底部分为三块,最上方分类展示一些链接和商城 App 的二维码;底部中间为关于网站、站点联盟等链接;底部的最下方是网站的版权信息。

12.2.2 站点规划

创建名称为 web 的文件夹作为网站的根目录。在 web 文件夹内分别创建 css 文件夹和 images 文件夹,css 文件夹存放所有的样式表文件,images 文件夹存放所有的素材图像。在 web 文件夹下创建 index. html 文件,作为网页文件。站点根目录规划如图 12.25 所示。

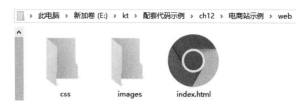

图 12.25 美乐优品网站根目录结构

在 css 文件夹中,创建 reset. css 文件重置浏览器的默认样式,如例 12.14 所示。

例 12.14

```
1    body,div,form,h1,h2,h3,h4,h5,h6,input,li,ol,p,pre,td,textarea,th,ul{
2        margin:0;
3        padding:0;
4    }
5    ul,ol{
6        list-style:none;
7    }
```

由于一个真正的网站往往由多级页面组成,而这些页面风格相似,存在共同的样式,一般会将这些每个页面都用到的样式存储在一个样式表文件中。

在 css 文件夹中,创建 common. css 文件作为多个页面公用的样式表文件,如例 12.15 所示。

例 12.15

```
1    body{
2        font:12px/1.5 arial,'Hiragino Sans GB',sans-serif;
3        background-color:#fff2fb;
4    }
5    ol,ul{
6        list-style:none;
7    }
8    a{
9        text-decoration:none;
10   }
11   h1,h2,h3,h4,h5,h6{
12       font-size:100%;
13       font-weight:400;
14   }
```

在 css 文件夹中创建 index.css 文件作为 index.html 专用的样式表文件。将切图所得到的图像素材全部放在 images 文件夹中备用。根据图 12.24 所示的整体结构划分方式,引入样式表文件 index.html,该文件如例 12.16 所示。

例 12.16

```
1    <!DOCTYPE html>
2    <html lang = "en">
3    <head>
4        <meta charset = "UTF-8">
5        <title>美乐优品</title>
6        <link rel = "stylesheet" type = "text/css" href = "css/reset.css">
7        <link rel = "stylesheet" type = "text/css" href = "css/common.css">
8        <link rel = "stylesheet" type = "text/css" href = "css/index.css">
9    </head>
10   <body>
11       <!-- 头部 -->
12       <div class = "header">
13       </div>
14       <!-- 内容区域 -->
15       <div class = "site_body">
16           <div class = "center_con">
17               <!-- 左侧边栏 -->
18               <div class = "left_part">
19                   <!-- 侧边栏导航 -->
20                   <div class = "category">
21                   </div>
22               </div>
23               <!-- 右边内容区域 -->
24               <div class = "right_part">
25                   <!-- 广告 -->
26                   <div class = "ad_box">
27                   </div>
28                   <!-- 火热进行品牌 -->
29                   <div class = "inhot">
30                   </div>
31                   <!-- 品牌墙 -->
32                   <div class = "brand_wall">
33                   </div>
34               </div>
35           </div>
36       </div>
37       <!-- 底部区域 -->
38       <div class = "footer_textarea">
39       </div>
40   </body>
41   </html>
```

12.2.3 制作头部

1. 结构分析

头部分为上、中、下三部分,分别使用 3 个< div >标记作为三部分最外层的容器。由于上、中、下三部分主要内容都是固定宽度且居中展示,因此分别在容器内再嵌套< div >标记可实现。

在头部的上部分中,左边的欢迎词放在一个< div >标记中,右边的链接放在一个< ul >标记中,右侧的链接使用< li >标记和< a >标记实现。

在头部的中间部分,左侧为网站的 Logo 作为超链接< a >标记的背景图像,为了增加搜索引擎的权重,将图像嵌套在< h1 >标记中;中间为搜索区域,使用< form >标记、文本框控件、< button >标记实现搜索界面,控件下方的搜索热点词汇使用无序列表< ul >标记和< li >标记;单击右侧购物车能够跳转到购物车界面,需使用超链接标记< a >,内部嵌套< img >标记作为购物车图标,< span >标记控制"去购物车结算"文本。

在头部的底端是导航条。导航条放在一个< div >容器内,使用无序列表标记< ul >和< li >实现。头部区域具体结构如图 12.26 所示。

图 12.26 头部区域结构

2. 样式分析

头部的上、中、下三部分的最外层< div >标记设置宽度为 100%。在这 3 个容器内嵌套的三对< div >标记设置固定宽度为 width:1090px,且设置水平居中 margin:0 auto。

头部顶部的欢迎语容器设置为向右浮动 float:left,超链接部分设置为向左浮动 float:right,各超链接的无序列表设置为向左浮动 float:left,使其在一行显示。

头部中间部分的 Logo 容器< h1 >设置为左浮动 float:left,< a >标记设置为块元素 display:block,大小为 Logo 图像大小,使用 Logo 图像作为背景图像,为了其内部的超链接文字不可见,需设置 text-indent 为−999;中间搜索部分设置文本框的宽、高和边框颜色,并注意设置文本框轮廓属性为 outline: 0 none,outline(轮廓)属性是绘制于元素周围的一条线,位于边框边缘的外围,可起到突出元素的作用,这样设置的好处是当元素获得焦点时,焦点框为 0,比较美观;搜索的热点词汇中间的分割线使用宽度为 1px 的行内元素设置背景颜色实现。

头部下面的导航需设置背景颜色为黑色的样式,且单独添加给商城首页。

3. 效果制作

1) 搭建结构

在应用了类样式 header 的< div >标记内添加如例 12.17 所示的代码。

例 12.17

```
 1      < div class = "header_top">
 2              < div class = "header_top_box">
 3                  < div class = "header_top_left">
 4                      欢迎来到美乐购物商城!
 5                  </div >
 6                  < ul class = "header_top_right">
 7                      < li >< a href = " # ">登录</a ></li >
 8                      < li >|</li >
 9                      < li >< a href = " # ">注册</a ></li >
10                      < li >|</li >
11                      < li >< a href = " # ">订单查询</a ></li >
12                      < li >|</li >
13                      < li >< a href = " # ">我的优美</a ></li >
14                      < li >|</li >
15                      < li >< a href = " # ">更多</a ></li >
16                  </ul >
17              </div >
18          </div >
19          <!-- 头部中间 -->
20          < div class = "header_center">
21              < h1 class = "logo">
22                  < a href = "http:www.lemei.con" class = "home">化妆品牌排行榜大全网站
                        乐美优品</a>
23              </h1 >
24              <!-- 搜索栏 -->
25              < div class = "header_searchbox">
26                  < form action = "search.lemei.com" method = "get" >
27                      < input type = "text" name = "search"
28                      class = "header_search_input">
29                      < button type = "submit" class = "header_search_btn">搜索</button >
30                  </form >
31                  < ul class = "hot_word">
32                      < li >
33                          < a href = " # ">保湿</a >
34                          < s class = "line"></s >
35                      </li >
36                      < li >
37                          < a href = " # ">面膜</a >
38                          < s class = "line"></s >
39                      </li >
40                      < li >
41                          < a href = " # ">洗面奶</a >
42                          < s class = "line"></s >
43                      </li >
44                      < li >
45                          < a href = " # ">口红</a >
```

```
46                    < s class = "line"></ s >
47                </li >
48             < li >
49                    < a href = " ♯ ">眼霜</a >
50                    < s class = "line"></ s >
51                </li >
52             < li >
53                    < a href = " ♯ ">香水</a >
54                    < s class = "line"></ s >
55                </li >
56          </ul >
57       </div >
58       <!-- 购物车 -->
59       < div id = "cart" class = "cart_box">
60          < a href = " ♯ " class = "cart_link">
61             < img src = "images/shopping.png" alt = "" class = "cartimg">
62             < span class = "text">去购物车结算</span >
63          </a >
64       </div >
65    </div >
66    <!-- 头部底部 -->
67    < div class = "header_bottom">
68       <!-- 导航条 -->
69       < div class = "channel_nav_box">
70          < div class = "channel_nav_list_wrap">
71             < ul class = "channel_nav_list">
72                < li class = "current">
73                    < a href = " ♯ ">商城首页</a >
74                </li >
75                < li >
76                    < a href = " ♯ ">珠宝饰品</a >
77                </li >
78                < li >
79                    < a href = " ♯ ">化妆品</a >
80                </li >
81                < li >
82                    < a href = " ♯ ">精品服饰</a >
83                </li >
84                < li >
85                    < a href = " ♯ ">时尚专区</a >
86                </li >
87             </ul >
88          </div >
89       </div >
90    </div >
```

2) 添加样式

在应用了类样式 header 的< div >标记内添加如例 12.18 所示的代码。

例 12. 18

```
1    / * 头部 * /
2    . header{
3        width:100 % ;
4        background: # fff;
5    }
6    . header_top{
7        width:100 % ;
8        height:28px;
9        border-bottom:1px solid # e5e5e5;
10        background: # f2f2f2;
11    }
12    . header_top_box,. header_center,. channel_nav_list_wrap{
13        width:1090px;
14        margin:0 auto;
15    }
16    . header_top_box{
17        color: # 6c6c6c;
18        line-height:28px;
19    }
20    . header_top_left{
21        float:left;
22    }
23    . header_top_right{
24        float:right;
25        height:28px;
26    }
27    . header_top_right li{
28        float:left;
29        display:inline;
30        height:28px;
31        margin-left:14px;
32    }
33    . header_top_right a{
34        color: # 999;
35        text-decoration:none;
36    }
37    . header_center{
38        height:110px;
39        background-color: # fff;
40    }
41    . header_center . logo{
42        float:left;
43        margin-top:13px;
44    }
45    . header_center . logo a{
46        width:165px;
```

```
47        height:85px;
48        display:block;
49        background:url(../images/logo.png) no-repeat top left;
50        text-indent:-999em;
51    }
52    .header_searchbox{
53        width:536px;
54        margin-left:124px;
55        float:left;
56        position:relative;
57        z-index:8;
58        height:82px;
59        padding-top:28px;
60    }
61    .header_searchbox form{
62        float:left;
63    }
64    .header_searchbox .header_search_input{
65        width:423px;
66        height:18px;
67        padding:7px 5px;
68        border:solid #e70074;
69        border-width:3px 0 3px 3px;
70        float:left;
71        font-size:12px;
72        color:#999;
73        outline:0 none;
74        /*outline(轮廓)是绘制于元素周围的一条线,位于边框边缘的外围,可起到突出元素的
           作用*/
75        /*当元素获得焦点时,焦点框为0*/
76    }
77    .header_searchbox .header_search_btn{
78        width:100px;
79        height:38px;
80        border:0 none;
81        color:#fff;
82        font-size:14px;
83        line-height:38px;
84        float:left;
85        background:#e70074;
86    }
87    /*热点搜索词汇*/
88    .header_searchbox .hot_word{
89        height:18px;
90        line-height:18px;
91        margin-top:6px;
92        float:left;
93        width:446px;
94    }
```

```
95      .header_searchbox .hot_word li{
96          float:left;
97          margin-right:8px;
98      }
99      .header_searchbox .hot_word a{
100         color:#999;
101     }
102     .header_searchbox .hot_word .line{
103         width:1px;
104         height:12px;
105         display:inline-block;
106         background-color:#999;
107         overflow:hidden;
108         margin:2px 0 -2px 8px;
109         padding:0;
110     }
111     /*购物车*/
112     .header_center .cart_box{
113         float:right;
114         margin-top:33px;
115     }
116     .cart_box .cart_link{
117         text-decoration:none;
118         display:block;
119         width:138px;
120         height:32px;
121         line-height:32px;
122         border:1px solid #e5e5e5;
123         background:#fff;
124     }
125     .cart_box .cartimg{
126         float:left;
127         width:28px;
128         overflow:hidden;
129         padding:0 9px 0 9px;
130     }
131     .cart_box .text{
132         width:86px;
133         height:32px;
134         line-height:32px;
135         color:#666;
136         overflow:hidden;
137         float:left;
138         padding-left:6px;
139         background:#f8f8f8;
140     }
141     .channel_nav_box{
142         height:38px;
143         clear:both;
```

```
144        width:100%;
145        background-color:#e70074;
146    }
147    .channel_nav_box .channel_nav_list_wrap{
148        height:38px;
149    }
150    .channel_nav_box .channel_nav_list_wrap .channel_nav_list{
151        width:auto;
152        height:38px;
153        float:left;
154    }
155    .channel_nav_list li{
156        float:left;
157        display:inline;
158    }
159    .channel_nav_list .current{
160        background:#000;
161    }
162    .channel_nav_list a{
163        display:inline-block;
164        line-height:36px;
165        padding:0 22px;
166        height:38px;
167        overflow:visible;
168        color:#fff;
169        font-size:14px;
170        text-decoration:none;
171    }
172    .channel_nav_list a:hover{
173        color:#666;
174    }
```

12.2.4 制作左侧边栏导航

1. 结构分析

如图12.27所示,导航位于内容区域左侧边栏的侧边栏导航容器中,即例12.16第20行和第21行代码<div>内部。导航标题"全部分类"放在一个<div>容器内,"导航列表"也放在一个<div>容器内,使用无序列表<ul>标记和<li>标记实现,每一个导航项在被单击时应能够打开对应栏目页,需要在<li>标记内部嵌套超链接标记<a>实现。

2. 样式分析

中间内容区域宽度为1090px,背景颜色为白色且水平居中显示,内部嵌套类样式为center_con的<div>元素,该元素为行内块元素,与父元素等宽。左侧边栏的宽度为

图12.27 左侧边栏导航区域结构

242px,右侧边栏宽度为 832px,两栏中间留白为 16px。

　　导航标题加粗显示,设置 12px 的缩进;导航标题的容器需设置下边框属性。每个导航项之前的图标通过设置不同的类样式,使用不同背景图像实现,需设置背景图像 no-repeat;鼠标指针移到导航文本上时通过 font-weight:900 实现加粗显示。

3. 效果制作

1）搭建结构

在例 12.16 中的< div class＝"category"></div>内部添加如例 12.19 所示的代码。

例 12.19

```
1    < div class = "classify_title">
2        全部分类
3    </div>
4    < div class = "catlist">
5        < ul class = "cat_nav">
6            < li class = "nav_pic1">
7                < a href = "#">精选品牌</a>
8            </li>
9            < li class = "nav_pic2">
10               < a href = "#">珠宝首饰</a>
11           </li>
12           < li class = "nav_pic3">
13               < a href = "#">化妆品</a>
14           </li>
15           < li class = "nav_pic4">
16               < a href = "#">精品服饰</a>
17           </li>
18           < li class = "nav_pic5">
19               < a href = "#">时尚专区</a>
20           </li>
21           < li class = "nav_pic6">
22               < a href = "#">服饰推荐</a>
23           </li>
24           < li class = "nav_pic7">
25               < a href = "#">生活兴趣</a>
26           </li>
27       </ul>
28   </div>
```

2）添加样式

在 index.css 中继续添加代码,如例 12.20 所示。

例 12.20

```
1    /* 中间内容区域 */
2    .site_body{
```

```
3           width:1090px;
4           background-color:#fff;
5           margin:0 auto;
6       }
7       .center_con{
8           display:inline-block;
9           width:100%;
10      }
11      .center_con .left_part{
12          width:242px;
13          float:left;
14      }
15      .center_con .right_part{
16          width:832px;
17          float:right;
18      }
19      .left_part .classify_title{
20          font-weight:800;
21          height:36px;
22          line-height:36px;
23          color:#000;
24          text-indent:12px;
25          border-bottom:2px solid #e0e0e0;
26      }
27      .catlist{
28          border-bottom:1px solid #e0e0e0;
29      }
30      .cat_nav{
31          overflow:hidden;
32      }
33      .cat_nav li{
34          padding-left:50px;
35          position:relative;
36          background-repeat:no-repeat;
37          background-position:left 14px top 10px;
38      }
39      .cat_nav li a{
40          color:#000;
41          text-decoration:none;
42          display:block;
43          height:38px;
44          line-height:38px;
45          font-weight:600px;
46      }
47      .cat_nav li a:hover{
48          font-weight:900;
49      }
50      .cat_nav li.nav_pic1{
51          background-image:url(../images/nav-pic1.png);
```

```
52      }
53    .cat_nav li.nav_pic2{
54        background-image:url(../images/nav-pic2.png);
55      }
56    .cat_nav li.nav_pic3{
57        background-image:url(../images/nav-pic3.png);
58      }
59    .cat_nav li.nav_pic4{
60        background-image:url(../images/nav-pic4.png);
61      }
62    .cat_nav li.nav_pic5{
63        background-image:url(../images/nav-pic5.png);
64      }
65    .cat_nav li.nav_pic6{
66        background-image:url(../images/nav-pic6.png);
67      }
68    .cat_nav li.nav_pic7{
69        background-image:url(../images/nav-pic7.png);
70      }
```

12.2.5　制作广告图

1. 结构分析

如图 12.28 所示,所有的广告图像放在右边内容区域的<div>容器内,使用<img>标记。广告图区域容器内部分为左右两个区域,右侧区域的<div>容器分为上下两个区域。

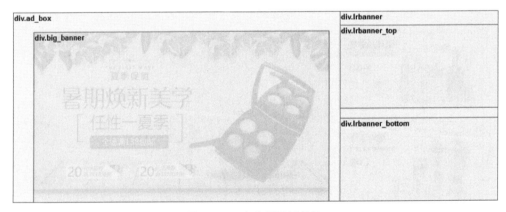

图 12.28　广告图区域结构

2. 样式分析

广告图区域需要设置相应的左右浮动属性、宽度高度属性,右侧两个小广告图设置 1px 的实线边框。此部分容器类样式为 ad_box 的<div>标记需设置 16px 的下外边距。

3. 效果制作

1）搭建结构

在例 12.16 中的＜div class＝"ad_box"＞＜/div＞内部添加如例 12.21 所示的代码。

例 12.21

```
1    < div class = "big_banner">
2        < img src = "images/banner1.png" alt = "">
3    </div>
4    < div class = "lrbanner">
5        < div class = "lrbanner_top">
6            < a href = " # ">< img src = "images/tuan1.jpg" alt = ""></a>
7        </div>
8        < div class = "lrbanner_bottom">
9            < a href = " # ">< img src = "images/tuan2.jpg" alt = ""></a>
10       </div>
11   </div>
```

2）添加样式

在 index.css 中继续添加样式，如例 12.22 所示。

例 12.22

```
1    /*广告活动内容*/
2    .ad_box{
3        overflow:hidden;
4        margin-bottom:16px;
5    }
6    .ad_box .big_banner{
7        float:left;
8        width:550px;
9        height:305px;
10   }
11   .ad_box .lrbanner{
12       float:right;
13       height:305px;
14       width:264px;
15       overflow:hidden;
16   }
17   .ad_box .lrbanner .lrbanner_top{
18       margin-bottom:16px;
19   }
20   .ad_box .lrbanner_top img,.ad_box .lrbanner_bottom img{
21       width:266px;
22       border:1px solid # eee;
23   }
```

12.2.6 制作火热进行区域

在首页效果图 12.23 中,一共展示了 8 个品牌的团购信息,每个品牌的结构格式是相似的,图 12.29 仅截取了前两个来分析结构搭建。

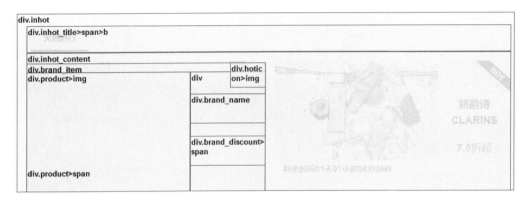

图 12.29 火热进行区域结构

1. 结构分析

火热进行区域以例 12.6 第 29 行和第 30 行代码所示的类样式为 inhot 的< div >作为容器,整体分为上下两部分,上边展示此版块的"火热进行"标题,下边展示团购的热点品牌。

上边版块标题部分使用< div >标记嵌套< span >标记,由于标题文本加粗,在< span >标记内部嵌套< b >元素。

下方所有品牌放在类样式为 inhot_content 的< div >内部,每个品牌信息使用一个类样式为 brand_item 的< div >标记作为容器。火热进行区域结构如图 12.29 所示。

2. 样式分析

版块标题栏 inhot_title 的< div >标记设置灰色实线边框和下外边距,由于标题下方存在桃红色的粗线装饰,需将标题文字两边的< span >标记设置为行内块元素,并设置下边框属性。

下方作为所有团购品牌信息的< div >容器,需要设置 margin-right 为−16px,使水平方向宽度增加,右侧的品牌能够紧贴容器的右边缘展示。

每个品牌信息容器右上角的 HOT 图标位于其他元素之上展示,需要设置它的容器定位属性为 position:absolute,相对位置为 right:0 和 top:0,单个品牌信息的类样式 brand_item 中需设置定位属性 position:relative,使子元素相对于它进行定位。

3. 效果制作

1) 搭建结构

在< div class="inhot"></div >中添加如例 12.23 所示的代码。

例 12.23

```
1     <!-- 标题 -->
2     < div class = "inhot_title">
3         < span >< b >火热进行</b></span>
4     </div >
5     <!-- 火热进行品牌 -->
6     < div class = "inhot_content">
7         < div class = "brand_item">
8             < div class = "hoticon">
9                 < img src = "images/hot.png" alt = "">
10            </div >
11            < a href = " # ">
12                < div class = "product">
13                    < img src = "images/product1.png" alt = "">
14                    < span class = "timeleft">剩余时间 01 天 01 小时 08 分 06 秒</span >
15                </div >
16                < div class = "product_info">
17                    < div class = "brand_name">韩国后护肤彩妆</div >
18                    < div class = "brand_discount">
19                        < span class = "salebg">一口价</span >
20                    </div >
21                </div >
22            </a >
23        </div >
24        < div class = "brand_item">
25            < div class = "hoticon">
26                < img src = "images/hot.png" alt = "">
27            </div >
28            < a href = " # ">
29                < div class = "product">
30                    < img src = "images/product2.png" alt = "">
31                    < span class = "timeleft">剩余时间 01 天 01 小时 08 分 06 秒</span >
32                </div >
33                < div class = "product_info">
34                    < div class = "brand_name">娇韵诗 CLARINS </div >
35                    < div class = "brand_discount">
36                        < span class = "salebg"> 7.5 </span >折起
37                    </div >
38                </div >
39            </a >
40        </div >
41        < div class = "brand_item">
42            < div class = "hoticon">
43                < img src = "images/hot.png" alt = "">
44            </div >
45            < a href = " # ">
46                < div class = "product">
```

```
47              < img src = "images/product3.png" alt = "">
48              < span class = "timeleft">剩余时间 01 天 01 小时 08 分 06 秒</span >
49          </div >
50          < div class = "product_info">
51              < div class = "brand_name">悦诗风吟面部护理</div >
52              < div class = "brand_discount">
53                  < span class = "salebg"> 3 </span >折起
54              </div >
55          </div >
56      </a >
57  </div >
58  < div class = "brand_item">
59      < div class = "hoticon">
60          < img src = "images/hot.png" alt = "">
61      </div >
62      < a href = " # ">
63          < div class = "product">
64              < img src = "images/product4.png" alt = "">
65              < span class = "timeleft">剩余时间 01 天 01 小时 08 分 06 秒</span >
66          </div >
67          < div class = "product_info">
68              < div class = "brand_name">美丽工匠</div >
69              < div class = "brand_discount">
70                  < span class = "salebg"> 5 </span >折封顶
71              </div >
72          </div >
73      </a >
74  </div >
75  < div class = "brand_item">
76      < div class = "hoticon">
77          < img src = "images/hot.png" alt = "">
78      </div >
79      < a href = " # ">
80          < div class = "product">
81              < img src = "images/product5.png" alt = "">
82              < span class = "timeleft">剩余时间 01 天 01 小时 08 分 06 秒</span >
83          </div >
84          < div class = "product_info">
85              < div class = "brand_name">欧舒丹 L'OCCITANE</div >
86              < div class = "brand_discount">
87                  < span class = "salebg"> 5 </span >折起
88              </div >
89          </div >
90      </a >
91  </div >
92  < div class = "brand_item">
93      < div class = "hoticon">
94          < img src = "images/hot.png" alt = "">
95      </div >
```

```
96          <a href = "#">
97              <div class = "product">
98                  <img src = "images/product6.png" alt = "">
99                  <span class = "timeleft">剩余时间 01 天 01 小时 08 分 06 秒</span>
100             </div>
101             <div class = "product_info">
102                 <div class = "brand_name">阿迪达斯洗护</div>
103                 <div class = "brand_discount">
104                     <span class = "salebg">3.5</span>折起
105                 </div>
106             </div>
107         </a>
108     </div>
109     <div class = "brand_item">
110         <div class = "hoticon">
111             <img src = "images/hot.png" alt = "">
112         </div>
113         <a href = "#">
114             <div class = "product">
115                 <img src = "images/product7.png" alt = "">
116                 <span class = "timeleft">剩余时间 01 天 01 小时 08 分 06 秒</span>
117             </div>
118             <div class = "product_info">
119                 <div class = "brand_name">佩佩彩妆香水</div>
120                 <div class = "brand_discount">
121                     <span class = "salebg">2</span>折起
122                 </div>
123             </div>
124         </a>
125     </div>
126     <div class = "brand_item">
127         <div class = "hoticon">
128             <img src = "images/hot.png" alt = "">
129         </div>
130         <a href = "#">
131             <div class = "product">
132                 <img src = "images/product8.png" alt = "">
133                 <span class = "timeleft">剩余时间 01 天 01 小时 08 分 06 秒</span>
134             </div>
135             <div class = "product_info">
136                 <div class = "brand_name">云南白药</div>
137                 <div class = "brand_discount">
138                     <span class = "salebg">3</span>折起
139                 </div>
140             </div>
141         </a>
142     </div>
143 </div>
```

2）添加样式

在 index.css 中继续添加样式，如例 12.24 所示。

例 12.24

```
1    /* 火热进行品牌 */
2    .inhot_title{
3        border:1px solid #eee;
4        margin-bottom:16px;
5
6    }
7    .inhot_title span{
8        height:40px;
9        line-height:40px;
10       width:100px;
11       text-align:center;
12       font-size:14px;
13       display:inline-block;
14       border-bottom:3px solid #e70074;
15   }
16   /* 品牌列表 */
17   .inhot_content{
18       overflow:hidden;
19       margin-right:-16px;
20   }
21   .inhot_content .brand_item{
22       width:406px;
23       height:200px;
24       position:relative;
25       border:1px solid #eee;
26       float:left;
27       margin-right:16px;
28       margin-bottom:16px;
29       overflow:hidden;
30   }
31   .inhot_content .brand_item .hoticon{
32       position:absolute;
33       top:0;
34       right:0;
35       z-index:10px;
36   }
37   .brand_item a{
38       text-decoration:none;
39   }
40   .brand_item .product{
41       width:281px;
42       float:left;
43
```

```
44      }
45      .brand_item .product .timeleft{
46          font-size:14px;
47          font-weight:bold;
48          color:#e71671;
49          display:inline-block;
50          text-indent:14px;
51      }
52      .brand_item .product_info{
53          float:right;
54          overflow:hidden;
55          width:123px;
56          text-align:center;
57          padding-top:60px;
58      }
59
60      .brand_item .product_info .brand_name{
61          color:#1d1d1d;
62          font-size:18px;
63          font-weight:bold;
64
65      }
66      .brand_item .product_info .brand_discount{
67          padding-top:20px;
68          font-size:18px;
69          color:#1d1d1d;
70      }
71      .brand_item .product_info .salebg{
72          color:#e71671;
73          font-weight:bold;
74      }
```

12.2.7　制作品牌墙

1. 结构分析

品牌墙区域以例12.16第32行和第33行代码所示的类样式为 brand_wall 的< div >作为容器,整体分为上下两个部分,上边展示此版块的标题分类标题"推荐品牌""独家品牌"等,下边展示品牌列表。

上边品牌分类标题使用类样式为 sc_index 的容器,每个品牌名称使用< a >标记。下边的品牌列表使用类样式为 sc_list 的容器,品牌列表采用无序列表< ul >标记和< li >标记,每对< li >标记内部嵌套< a >标记,品牌使用< img >图像标记展示。品牌墙区域结构如图12.30所示。

图 12.30 品牌墙区域结构

2. 样式分析

作为整个品牌墙的 brand_wall 容器有 1px 的灰色实线。品牌分类标题的父元素< a >标记设置为行内块元素,设置宽度且文本水平居中对齐,鼠标指针移到某个品牌分类标题上时的样式需定义< a >标记的类样式 inactive,是宽度为 3px、颜色值为 #e70074 的实线。

每个列表项设置为左浮动,使它们能够一行一行的显示。

3. 效果制作

1) 搭建结构

在例 12.16 的< div class = "brand_wall">< /div >中添加如例 12.25 所示的代码。

例 12.25

```
1    < div class = "sc_index">
2        < a href = "#" class = "inactive">推荐品牌</a>
3        < a href = "#">独家品牌</a>
4        < a href = "#">国货品牌</a>
5        < a href = "#">日韩品牌</a>
6        < a href = "#">欧美品牌</a>
7        < a href = "#">洗护品牌</a>
8    </div>
9    < div class = "sc_container">
10       < ul class = "sc_list">
11           < li >
12               < a href = "#">
13                   < img src = "images/brandlogo1.jpg" alt = "">
14               </a>
15           </li>
16           < li >
```

```
17              < a href = " # ">
18                  < img src = " images/brandlogo2. jpg" alt = "">
19              </a>
20          </li>
21          < li >
22              < a href = " # ">
23                  < img src = " images/brandlogo3. jpg" alt = "">
24              </a>
25          </li>
26          < li >
27              < a href = " # ">
28                  < img src = " images/brandlogo4. jpg" alt = "">
29              </a>
30          </li>
31          < li >
32              < a href = " # ">
33                  < img src = " images/brandlogo5. jpg" alt = "">
34              </a>
35          </li>
36          < li >
37              < a href = " # ">
38                  < img src = " images/brandlogo6. jpg" alt = "">
39              </a>
40          </li>
41          < li >
42              < a href = " # ">
43                  < img src = " images/brandlogo7. jpg" alt = "">
44              </a>
45          </li>
46          < li >
47              < a href = " # ">
48                  < img src = " images/brandlogo8. jpg" alt = "">
49              </a>
50          </li>
51          < li >
52              < a href = " # ">
53                  < img src = " images/brandlogo9. jpg" alt = "">
54              </a>
55          </li>
56          < li >
57              < a href = " # ">
58                  < img src = " images/brandlogo10. jpg" alt = "">
59              </a>
60          </li>
61          < li >
62              < a href = " # ">
63                  < img src = " images/brandlogo11. jpg" alt = "">
64              </a>
65          </li>
```

```
66          < li >
67              < a href = " # ">
68                  < img src = "images/brandlogo12.jpg" alt = "">
69              </a>
70          </li>
71          < li >
72              < a href = " # ">
73                  < img src = "images/brandlogo13.jpg" alt = "">
74              </a>
75          </li>
76          < li >
77              < a href = " # ">
78                  < img src = "images/brandlogo14.jpg" alt = "">
79              </a>
80          </li>
81          < li >
82              < a href = " # ">
83                  < img src = "images/brandlogo15.jpg" alt = "">
84              </a>
85          </li>
86      </ul>
87  </div>
```

2) 添加样式

在 index.css 中添加样式代码,如例 12.26 所示。

例 12.26

```
1   / * 品牌墙 * /
2   .brand_wall{
3       border:1px solid #eee;
4       margin-bottom:16px;
5       line-height:40px;
6   }
7   .brand_wall a{
8       width:100px;
9       text-align:center;
10      font-size:14px;
11      text-decoration:none;
12      display:inline-block;
13      color:#1d1d1d;
14  }
15  .brand_wall a.inactive{
16      border-bottom:3px solid #e70074;
17  }
18  .sc_container{
19      overflow:hidden;
```

```
20    }
21    .sc_container .sc_list{
22        float:left;
23    }
24    .sc_container .sc_list li{
25        width:163px;
26        height:100px;
27        float:left;
28        margin:0 2px 2px 0;
29        background-color:#fff;
30    }
```

12.2.8　制作底部

1. 结构分析

整个底部以类样式名为 footer_textarea 的< div >作为容器,分为上、中、下三部分,分别用类样式名称为 footer_links、footer_center、footer_copyright 的< div >作为容器。

上面分组展示的每列导航列表使用无序列表< ul >标记和< li >标记嵌套< a >标记实现;上面右侧的二维码展示版块使用< div >为容器,内嵌套无序列表,二维码作为< span >标记的背景图像。中间部分有通长的背景色,链接内容居中展示,外层使用< div >标记设置背景颜色,嵌套< div >标记居中,每个链接使用< a >标记。底部内容居中,使用< div >标记嵌套< p >标记实现。底部区域结构如图 12.31 所示。

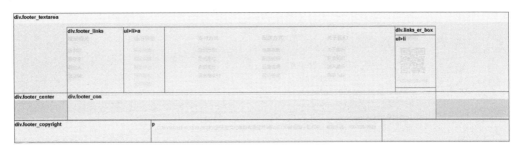

图 12.31　底部区域结构

2. 样式分析

footer_textarea 宽度设置为 100%,背景颜色设置为 #eee 灰色。

上面容器的类样式 footer_links 宽度设置为 1090px,水平居中。每个< ul >标记设置为左浮动,使所有的导航在一行中展示。每列导航的标题样式特殊,单独设置文本字号为 font-size:14px,文本粗细为 font-weight:700,文本颜色为 color。文本展示二维码的< span >标记设置为行内块元素 display:inline-block,宽度高度与二维码图像相同,并将二维码设置为背景图像 background-image。中间部分外层容器与浏览器等宽,设置背景颜色为 #4d4d4d 灰色,内嵌套容器设置为 1090px 宽,水平居中 margin:0 auto。底部外层容器设置上下内填充 padding-top、padding-bottom 留白。

3. 效果制作

1）搭建结构

在例 12.16 的< div class＝" footer_textarea"></div>中添加如例 12.27 所示的代码。

例 12.27

```
1    < div class = "footer_links">
2        < ul class = "linksa">
3            < li class = "links">发展相关</li>
4            < li >
5                < a href = " # ">选衣服</a>
6            </li>
7            < li >
8                < a href = " # ">看杂志</a>
9            </li>
10           < li >
11               < a href = " # ">看达人</a>
12           </li>
13           < li >
14               < a href = " # ">逛店铺</a>
15           </li>
16       </ul>
17       < ul class = "linksb">
18           < li class = "links">使用帮助</li>
19           < li >
20               < a href = " # ">新手指南</a>
21           </li>
22           < li >
23               < a href = " # ">常见问题</a>
24           </li>
25           < li >
26               < a href = " # ">帮助中心</a>
27           </li>
28           < li >
29               < a href = " # ">用户协议</a>
30           </li>
31           < li >
32               < a href = " # ">公示制度</a>
33           </li>
34       </ul>
35       < ul class = "linksc">
36           < li class = "links">支付方式</li>
37           < li >
38               < a href = " # ">货到付款</a>
39           </li>
```

```
40          < li >
41              < a href = " # ">在线支付</a>
42          </li >
43          < li >
44              < a href = " # ">余额支付</a>
45          </li >
46          < li >
47              < a href = " # ">现金券支付</a>
48          </li >
49      </ul >
50      < ul class = "linksd">
51          < li class = "links">配送方式</li>
52          < li >
53              < a href = " # ">包邮政策</a>
54          </li >
55          < li >
56              < a href = " # ">配送说明</a>
57          </li >
58          < li >
59              < a href = " # ">运费说明</a>
60          </li >
61          < li >
62              < a href = " # ">验货签收</a>
63          </li >
64      </ul >
65      < ul class = "linkse">
66          < li class = "links">关于我们</li>
67          < li >
68              < a href = " # ">关于美乐</a>
69          </li >
70          < li >
71              < a href = " # ">联系我们</a>
72          </li >
73          < li >
74              < a href = " # ">加入美乐</a>
75          </li >
76          < li >
77              < a href = " # ">商家入驻</a>
78          </li >
79      </ul >
80      < div class = "links_er_box">
81          < ul class = "linksf">
82              < li class = "links">手机美乐</li>
83              < li >
84                  < span class = "link_bottom_pic"></span>
85              </li >
86              < li >下载移动客户端</li>
87          </ul >
88      </div >
```

```
89    </div>
90    <div class="footer_center">
91        <div class="footer_con">
92            <a href="#">关于美乐优购</a><a href="#">|</a>
93            <a href="#">商家入驻</a><a href="#">|</a>
94            <a href="#">品牌合作专区</a><a href="#">|</a>
95            <a href="#">网站联盟</a><a href="#">|</a>
96            <a href="#">媒体报道</a><a href="#">|</a>
97            <a href="#">商务合作</a>
98        </div>
99    </div>
100   <div class="footer_copyright">
101       <p class="footer_copy_con">
102           COPYRIGHT © 2010-2029 北京天慧文化传媒有限公司 MEILE.COM 保留一切权
      利。客服热线：400-789-8888
103       </p>
104   </div>
```

2）添加样式

在 index.css 中追加样式，如例 12.28 所示。

例 12.28

```
1     /*底部区域*/
2     .footer_textarea{
3         width:100%;
4         margin-top:16px;
5         background-color:#eee;
6     }
7     .footer_textarea .footer_links{
8         padding-top:30px;
9         width:1090px;
10        margin:0 auto;
11        overflow:hidden;
12        padding-bottom:30px;
13    }
14    .footer_textarea .footer_links ul{
15        width:156px;
16        height:auto;
17        padding-left:16px;
18        float:left;
19        overflow:hidden;
20    }
21    .footer_links ul li{
22        font-size:12px;
23        overflow:hidden;
24    }
```

```
25    .footer_links ul li a{
26        height:22px;
27        line-height:22px;
28        color:#666;
29        display:block;
30    }
31    .footer_textarea .footer_links .linksa{
32        width:160px;
33    }
34    .footer_textarea .footer_links .links{
35        color:#666;
36        font-size:14px;
37        font-weight:700;
38        margin-bottom:10px;
39        overflow:hidden;
40    }
41    .links_er_box{
42        border-left:1px solid #fff;
43        display:inline-block;
44        margin-left:16px;
45    }
46    .footer_links .linksf .link_bottom_pic{
47        width:78px;
48        height:78px;
49        display:inline-block;
50        overflow:hidden;
51        margin-left:3px;
52        background:url(../images/erwei.png) no-repeat;
53    }
54    .footer_center{
55        height:48px;
56        line-height:48px;
57        overflow:hidden;
58        font-size:12px;
59        color:#fff;
60        background-color:#4d4d4d;
61    }
62    .footer_con{
63        width:1090px;
64        margin:0 auto;
65        text-align:center;
66        overflow:hidden;
67    }
68    .footer_center a{
69        color:#fff;
70        padding-left:12px;
71        height:48px;
72    }
```

```
73    .footer_copyright{
74        padding-top:16px;
75        text-align:center;
76        padding-bottom:30px;
77    }
78    .footer_copyright .footer_copy_con{
79        color:#333;
80    }
```

图书资源支持

感谢您一直以来对清华版图书的支持和爱护。为了配合本书的使用，本书提供配套的资源，有需求的读者请扫描下方的"书圈"微信公众号二维码，在图书专区下载，也可以拨打电话或发送电子邮件咨询。

如果您在使用本书的过程中遇到了什么问题，或者有相关图书出版计划，也请您发邮件告诉我们，以便我们更好地为您服务。

我们的联系方式：

地　　址：北京市海淀区双清路学研大厦 A 座 714

邮　　编：100084

电　　话：010-83470236　010-83470237

客服邮箱：2301891038@qq.com

QQ：2301891038（请写明您的单位和姓名）

资源下载： 关注公众号"书圈"下载配套资源。

资源下载、样书申请

书圈

获取最新书目

观看课程直播